轨道交通装备制造业职业技能鉴定指导丛书

除尘设备运行工

中国中车股份有限公司　编写

中国铁道出版社

2016年·北京

图书在版编目(CIP)数据

除尘设备运行工/中国中车股份有限公司编写．—北京：中国铁道出版社，2016.3

（轨道交通装备制造业职业技能鉴定指导丛书）

ISBN 978-7-113-21471-5

Ⅰ.①除… Ⅱ.①中… Ⅲ.①除尘设备－运行－职业技能－鉴定－自学参考资料 Ⅳ.①TU834.6

中国版本图书馆CIP数据核字(2016)第027749号

书　　名：轨道交通装备制造业职业技能鉴定指导丛书
除尘设备运行工

作　　者：中国中车股份有限公司

策　　划：江新锡　钱士明　徐　艳

责任编辑：冯海燕　　**编辑部电话**：010-51873017

封面设计：郑春鹏

责任校对：焦桂荣

责任印制：陆　宁　高春晓

出版发行：中国铁道出版社（100054，北京市西城区右安门西街8号）

网　　址：http://www.tdpress.com

印　　刷：北京华正印刷有限公司

版　　次：2016年3月第1版　2016年3月第1次印刷

开　　本：787 mm×1 092 mm　1/16　印张：11.75　字数：284千

书　　号：ISBN 978-7-113-21471-5

定　　价：38.00元

中国中车职业技能鉴定教材修订、开发编审委员会

主　任： 赵光兴

副主任： 郭法娥

委　员：（按姓氏笔画为序）

于帮会　王　华　尹成文　孔　军　史治国

朱智勇　刘继斌　闫建华　安忠义　孙　勇

沈立德　张晓海　张海涛　姜　冬　姜海洋

耿　刚　韩志坚　詹余斌

本《丛书》总　编： 赵光兴

副总编： 郭法娥　刘继斌

本《丛书》总　审： 刘继斌

副总审： 杨永刚　娄树国

编审委员会办公室：

主　任： 刘继斌

成　员： 杨永刚　娄树国　尹志强　胡大伟

序

在党中央、国务院的正确决策和大力支持下，中国高铁事业迅猛发展。中国已成为全球高铁技术最全、集成能力最强、运营里程最长、运行速度最高的国家。高铁已成为中国外交的金牌名片，成为高端装备“走出去”的大国重器。

中国中车作为高铁事业的积极参与者和主要推动者，在大力推动产品、技术创新的同时，始终站在人才队伍建设的重要战略高度，把高技能人才作为创新资源的重要组成部分，不断加大培养力度。广大技术工人立足本职岗位，用自己的聪明才智，为中国高铁事业的创新、发展做出了杰出贡献，被李克强同志亲切地赞誉为“中国第一代高铁工人”。如今在这支近9.2万人的队伍中，持证率已超过96%，高技能人才占比已超过59%，有6人荣获“中华技能大奖”，有50人荣获国务院“政府特殊津贴”，有90人荣获“全国技术能手”称号。

高技能人才队伍的发展，得益于国家的政策环境，得益于企业的发展，也得益于扎实的基础工作。自2002年起，中国中车作为国家首批职业技能鉴定试点企业，积极开展工作，编制鉴定教材，在构建企业技能人才评价体系、推动企业高技能人才队伍建设方面取得明显成效。

中国中车承载着振兴国家高端装备制造业的重大使命，承载着中国高铁走向世界的光荣梦想，承载着中国轨道交通装备行业的百年积淀。为适应中国高端装备制造技术的加速发展，推进国家职业技能鉴定工作的不断深入，中国中车组织修订、开发了覆盖所有职业(工种)的新教材。在这次教材修订、开发中，编者基于对多年鉴定工作规律的认识，提出了“核心技能要素”等概念，创造性地开发了《职业技能鉴定技能操作考核框架》。试用表明，该《框架》作为技能人才综合素质评价的新标尺，填补了以往鉴定实操考试中缺乏命题水平评估标准的空白，很好地统一了不同鉴定机构的鉴定标准，大大提高了职业技能鉴定的公平性和公信力，具有广泛的适用性。

相信《轨道交通装备制造业职业技能鉴定指导丛书》的出版发行，对于推动高技能人才队伍的建设，对于企业贯彻落实国家创新驱动发展战略，成为“中国制造2025”的积极参与者、大力推动者和创新排头兵，对于构建由我国主导的全球轨道交通装备产业新格局，必将发挥积极的作用。

中国中车股份有限公司总裁：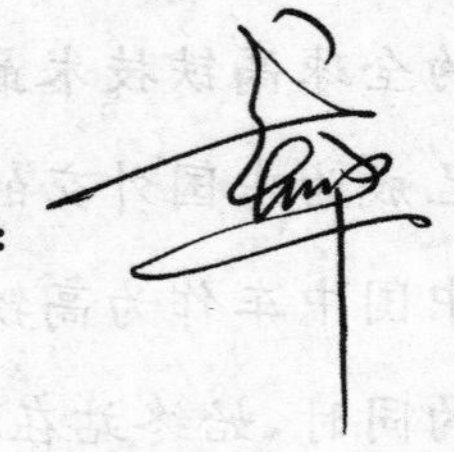

二〇一五年十二月二十八日

前 言

鉴定教材是职业技能鉴定工作的重要基础。2002 年，经原劳动保障部批准，原中国南车和中国北车成为国家职业技能鉴定首批试点中央企业，开始全面开展职业技能鉴定工作。2003 年，根据《国家职业标准》要求，并结合自身实际，我们组织开发了《职业技能鉴定指导丛书》，共涉及车工等 52 个职业（工种）的初、中、高 3 个等级。多年来，这些教材为不断提升技能人才素质、满足企业转型升级的需要发挥了重要作用。

随着企业的快速发展和国家职业技能鉴定工作的不断深入，特别是以高速动车组为代表的世界一流产品制造技术的快步发展，现有的职业技能鉴定教材在内容、标准等诸多方面，已明显不适应企业构建新型技能人才评价体系的要求。为此，公司决定修订、开发《轨道交通装备制造业职业技能鉴定指导丛书》。

本《丛书》的修订、开发，始终围绕打造世界一流企业的目标，努力遵循“执行国家标准与体现企业实际需要相结合、继承和发展相结合、质量第一、岗位个性服从于职业共性”四项工作原则，以提高中国中车技术工人队伍整体素质为目的，以主要和关键技术职业为重点，依据《国家职业标准》对知识、技能的各项要求，力求通过自主开发、借鉴吸收、创新发展，进一步推动企业职业技能鉴定教材建设，确保职业技能鉴定工作更好地满足企业发展对高技能人才队伍建设工作的迫切需要。

本《丛书》修订、开发中，认真总结和梳理了过去 12 年企业鉴定工作的经验以及对鉴定工作规律的认识，本着“紧密结合企业工作实际，完整贯彻落实《国家职业标准》，切实提高职业技能鉴定工作质量”的基本理念，以“核心技能要素”为切入点，探索、开发出了中国中车《职业技能鉴定技能操作考核框架》；对于暂无《国家职业标准》、又无相关行业职业标准的 38 个职业，按照国家有关《技术规程》开发了《中国中车职业标准》。自 2014 年以来近两年的试用表明：该《框架》既完整反映了《国家职业标准》对理论和技能两方面的要求，又适应了企业生产和技术工人队伍建设的需要，突破了以往技能鉴定实作考核缺乏水平评估标准的“瓶颈”，统一了不同产品、不同技术含量企业的鉴定标准，提高了鉴定考核的技术含量，提高了职业技能鉴定工作质量和管理水平，保证了职业技能鉴定的公平性和公信力，已经成为职业技能鉴定工作、进而成为生产操作者综合技术素质评价的新标尺。

本《丛书》共涉及99个职业(工种),覆盖了中国中车开展职业技能鉴定的绝大部分职业(工种)。《丛书》中每一职业(工种)又分为初、中、高3个技能等级,并按职业技能鉴定理论、技能考试的内容和形式编写。其中:理论知识部分包括知识要求练习题与答案;技能操作部分包括《技能考核框架》和《样题与分析》。本《丛书》按职业(工种)分册,已按计划出版了第一批75个职业(工种)。本次计划出版第二批24个职业(工种)。

本《丛书》在修订、开发中,仍侧重于相关理论知识和技能要求的应知应会,若要更全面、系统地掌握《国家职业标准》规定的理论与技能要求,还可参考其他相关教材。

本《丛书》在修订、开发中得到了所属企业各级领导、技术专家、技能专家和培训、鉴定工作人员的大力支持;人力资源和社会保障部职业能力建设司和职业技能鉴定中心、中国铁道出版社等有关部门也给予了热情关怀和帮助,我们在此一并表示衷心感谢。

本《丛书》之《除尘设备运行工》由原长春轨道客车股份有限公司《除尘设备运行工》项目组编写。主编靳凯,副主编刘大伟;主审莫海江,副主审李美兰;参编人员邹德权。

由于时间及水平所限,本《丛书》难免有错、漏之处,敬请读者批评指正。

中国中车职业技能鉴定教材修订、开发编审委员会

二〇一五年十二月三十日

目　录

除尘设备运行工(职业道德)习题

一、填 空 题

1. 职业道德建设是公民(　　)的落脚点之一。

2. 如果全社会职业道德水准(　　),市场经济就难以发展。

3. 职业道德建设是发展市场经济的一个(　　)条件。

4. 企业员工要自觉维护国家的法律、法规和各项行政规章,遵守市民守则和有关规定,用法律规范自己的行为,不做任何(　　)的事。

5. 爱岗敬业就要恪尽职守,脚踏实地,兢兢业业,精益求精,干一行,爱一行(　　)。

6. 企业员工要熟知本岗位安全职责和(　　)规程。

7. 企业员工要积极开展质量攻关活动,提高产品质量和用户满意度,避免(　　)发生。

8. 提高职业修养要做到:正直做人,坚持真理,讲正气,办事公道,处理问题要(　　)合乎政策,结论公允。

9. 职业道德是人们在一定的职业活动中所遵守的(　　)的总和。

10. (　　)是社会主义职业道德的基础和核心。

11. 人才合理流动与忠于职守、爱岗敬业的根本目的是(　　)。

12. 市场经济是法制经济,也是德治经济、信用经济,它要靠法制去规范,也要靠(　　)良知去自律。

13. 文明生产是指在遵章守纪的基础上去创造(　　)而又有序的生产环境。

14. 遵守法律、执行制度、严格程序、规范操作是(　　)。

15. 仪表工人员应掌握触电急救和人工呼吸方法,同时还应掌握(　　)的扑救方法。

16. 仪表工应具有高尚的职业道德和高超的(　　),才能做好仪表维修工作。

17. 职业纪律和与职业活动相关的法律、法规是职业活动能够正常进行的(　　)。

18. 诚实守信,做老实人、说老实话、办老实事,用诚实(　　)获取合法利益。

19. 奉献社会,有社会(　　)感,为国家发展尽一份心,出一份力。

20. 公民道德建设是一个复杂的社会系统工程,要靠教育,也要靠(　　)、政策和规章制度。

21. 要自觉维护法律的尊严,善于用法律武器维护自己的合法权益,对违法之事敢于揭发,对违法之人敢于斗争,见义勇为,伸张正义,做(　　)卫士。

22. 熟知本岗位安全职责和安全操作规程,增强自我保护意识,按时参加班组安全教育,正确使用防护用具用品,经常检查所用、所管的设备、工具、仪器、仪表的(　　)状态,不违章指挥,不违章冒险作业。

23. 增强责任意识,以高度负责的态度开展工作,以科学务实的态度对待工作,注重工作的实际效果和效益,讲实话、(　　)、重实效。

24. 保护环境，遵守公共秩序，树立“保护环境，人人有责”的观念，维护公共卫生，不随地吐痰，不乱扔垃圾，不乱涂乱画，爱护花草树木，培养符合环境(　　)要求的生活习惯和行为方式。

25. 按图纸标准和工艺要求核对原材料零配件、半成品，调整规定的设备、工具、仪器、仪表等加工设施，严格遵守(　　)标准和操作规程。

26. 认真进行质量控制、检查，定期按规定做好(　　)记录及合格率、一次合格率的记录与统计。

27. 职业化是一种按照职业道德要求的工作状态的(　　)、规范化、制度化。

28. 敬业的特征是(　　)、务实、持久。

29. 从业人员在职业活动中应遵循的内在的道德准则是(　　)。

30. 员工的思想、行动集中起来是(　　)的核心要求。

31. 职业化管理不是靠直觉和灵活应变，而是靠(　　)、制度和标准。

32. 职业活动内在的道德准则是(　　)、审慎、勤勉。

33. 职业化核心层面的是(　　)。

34. 建立员工信用档案体系的根本目的是为企业选人用人提供新的(　　)。

35. 在生产经营中不管职位高低，人人都力行(　　)。

36. 班组长及所有操作工在生产现场和工作时间内必须穿(　　)。

37. 企业生产管理的依据是(　　)。

二、单项选择题

1. 市场经济是法制经济，也是德治经济、信用经济，它要靠法制去规范，也要靠(　　)良知去自律。

(A)法制　　(B)道德　　(C)信用　　(D)经济

2. 在竞争越来越激烈的时代，企业要想立于不败之地，个人要想脱颖而出，良好的职业道德，尤其是(　　)十分重要。

(A)技能　　(B)作风　　(C)信誉　　(D)观念

3. 遵守法律、执行制度、严格程序、规范操作是(　　)。

(A)职业纪律　　(B)职业态度　　(C)职业技能　　(D)职业作风

4. 爱岗敬业是(　　)。

(A)职业修养　　(B)职业态度　　(C)职业纪律　　(D)职业作风

5. 提高职业技能与(　　)无关。

(A)勤奋好学　　(B)勇于实践　　(C)加强交流　　(D)讲求效率

6. 严细认真就要做到：增强精品意识，严守(　　)，精益求精，保证产品质量。

(A)国家机密　　(B)技术要求　　(C)操作规程　　(D)产品质量

7. 树立用户至上的思想，就是增强服务意识，端正服务态度，改进服务措施达到(　　)。

(A)用户至上　　(B)用户满意　　(C)产品质量　　(D)保证工作质量

8. 清正廉洁，克己奉公，不以权谋私、行贿受贿是(　　)。

(A)职业态度　　(B)职业修养　　(C)职业纪律　　(D)职业作风

9. 职业道德是促使人们遵守职业纪律的(　　)。

(A)思想基础　(B)工作基础　(C)工作动力　(D)理论前提

10. 在履行岗位职责时,(　　)。

(A)靠强制性　(B)靠自觉性

(C)当与个人利益发生冲时可以不履行　(D)应强制性与自觉性相结合

11. 下列叙述正确的是(　　)。

(A)职业虽不同,但职业道德的要求都是一致的

(B)公约和守则是职业道德的具体体现

(C)职业道德不具有连续性

(D)道德是个性,职业道德是共性

12. 下列叙述不正确的是(　　)。

(A)德行的崇高,往往以牺牲德行主体现实幸福为代价

(B)国无德不兴、人无德不立

(C)从业者的职业态度是既为自己,也为别人

(D)社会主义职业道德的灵魂是诚实守信

13. 产业工人的职业道德的要求是(　　)。

(A)精工细作、文明生产　(B)为人师表

(C)廉洁奉公　(D)治病救人

14. 下列对质量评述正确的是(　　)。

(A)在国内市场质量是好的,在国际市场上也一定是最好的

(B)今天的好产品,在生产力提高后,也一定是好产品

(C)工艺要求越高,产品质量越精

(D)要质量必然失去数量

15. 掌握必要的职业技能是(　　)。

(A)每个劳动者立足社会的前提　(B)每个劳动者对社会应尽的道德义务

(C)为人民服务的先决条件　(D)竞争上岗的唯一条件

16. 分工与协作的关系是(　　)。

(A)分工是相对的,协作是绝对的　(B)分工与协作是对立的

(C)二者没有关系　(D)分工是绝对的,协作是相对的

17. 下列提法不正确的是(　　)。

(A)职业道德+一技之长=经济效益　(B)一技之长=经济效益

(C)有一技之长也要虚心向他人学习　(D)一技之长靠刻苦精神得来

18. 下列不符合职业道德要求的是(　　)。

(A)检查上道工序、干好本道工序、服务下道工序

(B)主协配合,师徒同心

(C)粗制滥造,野蛮操作

(D)严格执行工艺标准

19. 随着现代社会分工发展和专业化程度的增强,对从业人员职业观念、职业态度、职业(　　)、职业纪律和职业作风的要求越来越高。

(A)技能　(B)规范　(C)技术　(D)道德

20. 爱岗敬业，忠于职守，团结协作，认真完成工作任务，钻研(　　)，提高技能。

(A)业务　(B)理论　(C)科技　(D)技术

21. 服务群众，听取群众意见，了解群众需要，为群众排忧解难，端正服务态度，改进(　　)，提高服务质量。

(A)措施　(B)态度　(C)对象　(D)项目

22. 要自觉维护国家法律，法规和各项行政(　　)，遵守市民守则和有关制度，用法律规范自己的行为，不做任何违法违纪的事。

(A)规章　(B)规则　(C)规范　(D)规定

23. 认同理念，做企业理念的拥护者、传播者和实践者；恪尽职守，脚踏实地，兢兢业业，精益求精；善于创新，不因循守旧，敢于(　　)自我，超越自我。

(A)否定　(B)否认　(C)认定　(D)否决

24. 互相体谅，团结友爱，尊重同事，互相关心，互相爱护，先人后己，克己(　　)。相互支持，密切配合，顾全大局，善于倾听别人的意见，坦诚发表自己的想法，达成共识，形成合力。

(A)让人　(B)利人　(C)助人　(D)为人

25. 保证起重机具的完好率和提高其使用(　　)，是起重机具管理工作非常主要的内容。

(A)效率　(B)效果　(C)频率　(D)次数

26. 爱护公物，要关心爱护、保护国家和企业的财产，敢于同一切(　　)和浪费公共财物的行为作斗争。

(A)破坏　(B)损坏　(C)损害　(D)破害

27. 质量方针规定了企业的质量(　　)和方向，与企业总的经营宗旨相适应。

(A)宗旨　(B)目标　(C)措施　(D)责任

28. 抓好重点，对关键部位或影响质量的(　　)因素，确定管理点，进行重点控制。

(A)关键　(B)相关　(C)重要　(D)重点

29. 对待你不喜欢的工作岗位，正确的做法是(　　)。

(A)干一天，算一天　(B)想办法换自己喜欢的工作

(C)做好在岗期间的工作　(D)脱离岗位，去寻找别的工作

30. 从业人员在职业活动中应遵循的内在的道德准则是(　　)。

(A)爱国、守法、自强　(B)求实、严谨、规范

(C)诚心、敬业、公道　(D)忠诚、审慎、勤勉

31. 下列关于职业良心的说法中，正确的是(　　)。

(A)如果公司老板对员工好，那么员工干好本职工作就是有职业良心

(B)公司安排做什么自己就做什么是职业良心的本质

(C)职业良心是从业人员按照职业道德要求尽职尽责地做工作

(D)一辈子不“跳槽”是职业良心的根本表现

32. 关于职业道德，正确的说法是(　　)。

(A)职业道德是从业人员职业资质评价的唯一指标

(B)职业道德是从业人员职业技能提高的决定性因素

(C)职业道德是从业人员在职业活动中应遵循的行为规范

(D)职业道德是从业人员在职业活动中的综合强制要求

33. 关于"职业化"的说法中,正确的是(　　)。
(A)职业化具有一定合理性,但它会束缚人的发展
(B)职业化是反对把劳动作为谋生手段的一种劳动观
(C)职业化是提高从业人员个人和企业竞争力的必由之路
(D)职业化与全球职场语言和文化相抵触
34. 我国社会主义思想道德建设的一项战略任务是构建(　　)。
(A)社会主义核心价值体系　(B)公共文化服务体系
(C)社会主义荣辱观理论体系　(D)职业道德规范体系
35. 职业道德的规范功能是指(　　)。
(A)岗位责任的总体规定效用　(B)规劝作用
(C)爱干什么,就干什么　(D)自律作用
36. 我国公民道德建设的基本原则是(　　)。
(A)集体主义　(B)爱国主义　(C)个人主义　(D)利己主义
37. 关于职业技能,下列说法正确的是(　　)。
(A)职业技能决定着从业人员的职业前途
(B)职业技能的提高,受职业道德素质的影响
(C)职业技能主要是指从业人员的动手能力
(D)职业技能的形成与先天素质无关
38. 一个人在无人监督的情况下。能够自觉按道德要求行事的修养境界是(　　)。
(A)诚信　(B)仁义　(C)反思　(D)慎独

三、多项选择题

1. 职业道德指的是所有从业人员在职业活动中应遵循的行为准则,涵盖了(　　)的关系。
(A)从业人员与服务对象　(B)上级与下级
(C)职业与职工之间　(D)领导与员工
2. 职业道德建设的重要意义是(　　)。
(A)加强职业道德建设,坚决纠正利用职权谋取私利的行业不正之风,是各行各业兴旺发达的保证。同时,它也是发展市场经济的一个重要条件
(B)职业道德建设不仅建设精神文明的需要,也是建设物质文明的需要
(C)职业道德建设对提高全民族思想素质具有重要的作用
(D)职业道德建设能够提高企业的利润,保证盈利水平
3. 企业主要操作规程有(　　)。
(A)安全技术操作规程　(B)设备操作规程
(C)工艺规程　(D)岗位规程
4. 职业作风的基本要求有(　　)。
(A)严细认真　(B)讲求效率　(C)热情服务　(D)团结协作
5. 职业道德的主要规范有大力倡导以爱岗敬业、(　　)为主要内容的职业道德。
(A)诚实守信　(B)办事公道　(C)服务群众　(D)奉献社会

6. 社会主义职业道德的基本要求是（　　）。
(A)诚实守信　(B)办事公道
(C)服务群众奉献社会　(D)爱岗敬业
7. 职业道德对一个组织的意义是（　　）。
(A)直接提高利润率　(B)增强凝聚力
(C)提高竞争力　(D)提升组织形象
8. 从业人员做到真诚不欺，要（　　）。
(A)出工出力　(B)不搭"便车"
(C)坦诚相待　(D)宁欺自己，勿骗他人
9. 从业人员做到坚持原则要（　　）。
(A)立场坚定不移　(B)注重情感　(C)方法适当灵活　(D)和气为重
10. 执行操作规程的具体要求包括（　　）。
(A)牢记操作规程　(B)演练操作规程　(C)坚持操作规程　(D)修改操作规程
11. 中车集团要求员工遵纪守法，做到（　　）。
(A)熟悉日常法律、法规　(B)遵守法律、法规
(C)运用常用法律、法规　(D)传播常用法律、法规
12. 从业人员节约资源，要做到（　　）。
(A)强化节约资源意识　(B)明确节约资源责任
(C)创新节约资源方法　(D)获取节约资源报酬
13. 下列属于《公民道德建设实施纲要》所要提出的职业道德规范的是（　　）。
(A)爱岗敬业　(B)以人为本　(C)保护环境　(D)奉献社会
14. 在职业活动的内在道德准则中，"勤勉"的内在规定性是（　　）。
(A)时时鼓励自己上进，把责任变成内在的自主性要求
(B)不管自己乐意或者不乐意，都要约束甚至强迫自己干好工作
(C)在工作时间内，如手头暂无任务，要积极主动寻找工作
(D)经常加班符合勤勉的要求

四、判断题

1. 抓好职业道德建设，与改善社会风气没有密切的关系。（　）
2. 职业道德也是一种职业竞争力。（　）
3. 企业员工要认真学习国家的有关法律、法规，对重要规章、制度、条例达到熟知，不需知法、懂法，不断提高自己的法律意识。（　）
4. 热爱祖国，有强烈的民族自尊心和自豪感，始终自觉维护国家的尊严和民族的利益是爱岗敬业的基本要求之一。（　）
5. 热爱学习，注重自身知识结构的完善与提高，养成学习习惯，学会学习方法，坚持广泛涉猎知识，扩大知识面，是提高职业技能的基本要求之一。（　）
6. 坚持理论联系实际不能提高自己的职业技能。（　）
7. 企业员工要：讲求仪表，着装整洁，体态端正，举止大方，言语文明，待人接物得体，树立企业形象。（　）

8. 让个人利益服从集体利益就是否定个人利益。( )

9. 忠于职守的含义包括必要时应以身殉职。( )

10. 市场经济条件下,首先是讲经济效益,其次才是精工细作。( )

11. 质量与信誉不可分割。( )

12. 将专业技术理论转化为技能技巧的关键在于凭经验办事。( )

13. 敬业是爱岗的前提,爱岗是敬业的升华。( )

14. 厂规、厂纪与国家法律不相符时,职工应首先遵守国家法律。( )

15. 道德建设属于物质文明建设范畴。( )

16. 做一个称职的劳动者,必须遵守职业道德,职业道德也是社会主义道德体系的重要组成部分。职业道德建设是公民道德建设的落脚点之一。加强职业道德建设是发展市场经济的一个重要条件。( )

17. 办事公道,坚持公平、公正、公开原则,秉公办事,处理问题出以公心,合乎政策,结论公允。主持公道,伸张正义,保护弱者,清正廉洁,克已奉公,反对以权谋私,行贿受贿。( )

18. 法律对道德建设的支持作用表现在两个方面:"规定"和"惩戒",即通过立法手段选择进而推动一定道德的普及,通过法律惩治严重的不道德行为。( )

19. 甘于奉献,服从整体,顾全大局,先人后己,不计较个人得失,为企业发展尽心出力,积极进取,自强不息,不怕困难,百折不挠,敢于胜利。( )

20. 认真学习工艺操作规程,做到按规程要求操作,维护工艺纪律的严肃性,严格管理,精心操作,积极开展质量攻关活动,提高产品质量和用户满意度,避免质量事故发生。( )

21. 增强标准意识,坚持高标准、严要求,按标准做事不走样,以一丝不苟、认真负责的态度,踏踏实实地做好每项工作。( )

22. 要自觉执行企业的设备管理的有关规章制度,操作者严格执行设备操作维护规程,做到"三好、四会",专业维护人员实行区域维修负责制,确保设备正常运转。( )

23. 讲求仪表,着装整洁,体态端庄,举止大方,言语文明,待人接物得体。( )

24. 质量方针是根据企业长期经营方针、质量管理原则,质量振兴纲要,国家颁布的质量法规,市场经营变化而制定的。( )

25. 对于集体主义,可以理解为集体有责任帮助个人实现个人利益。( )

26. 职业道德是从业人员在职业活动中应遵循的行为规范。( )

27. 职业选择属于个人权利的范畴,不属于职业道德的范畴。( )

28. 敬业度高的员工虽然工作兴趣较低,但工作态度与其他员工无差别。( )

29. 社会分工和专业化程度的增强,对职业道德提出了更高要求。( )

除尘设备运行工(职业道德)答案

一、填 空 题

1. 道德建设　2. 低下　3. 重要　4. 违法
5. 干好一行　6. 安全操作　7. 质量事故　8. 出以公正
9. 行为规范　10. 爱岗敬业　11. 一致的　12. 道德
13. 整洁、安全、舒适、优美　14. 职业纪律　15. 电气火灾
16. 技术水平　17. 基本保证　18. 劳动　19. 责任
20. 法律　21. 护法　22. 安全　23. 办实事
24. 道德　25. 工艺　26. 原始　27. 标准化
28. 主动　29. 忠诚、审慎、勤勉　30. 集体主义　31. 职业道德
32. 忠诚　33. 职业化素养　34. 参考依据　35. 节约
36. 劳保皮鞋　37. 生产计划

二、单项选择题

1. B　2. C　3. A　4. B　5. D　6. C　7. B　8. B　9. A
10. D　11. B　12. D　13. A　14. C　15. C　16. A　17. B　18. C
19. A　20. A　21. A　22. A　23. A　24. A　25. A　26. A　27. A
28. A　29. C　30. D　31. C　32. C　33. C　34. A　35. A　36. A
37. B　38. D

三、多项选择题

1. AC　2. ABC　3. ABC　4. ABCD　5. ABCD　6. ABCD　7. BCD
8. ABC　9. AC　10. ABC　11. ABCD　12. ABC　13. AD　14. AC

四、判 断 题

1. ×　2. √　3. ×　4. √　5. √　6. ×　7. √　8. ×　9. √
10. ×　11. √　12. ×　13. ×　14. √　15. ×　16. √　17. √　18. √
19. √　20. √　21. √　22. √　23. √　24. √　25. ×　26. √　27. ×
28. ×　29. √

除尘设备运行工(初级工)习题

一、填 空 题

1. 烟尘是(　　)燃烧的必然产物。
2. 煤中的一部分是(　　)成分,一部分是不可燃成分。
3. 煤燃烧后其不可燃成分即以(　　)存在形成灰渣。
4. 锅炉内煤如达不到完全燃烧就会冒(　　)。
5. 煤燃烧后产生的(　　)是由气体和固体两部分组成。
6. 飞灰随烟气排入大气就要变成(　　)。
7. 烟尘通常是指在燃烧过程中由高温烟气带出的飞灰和未燃尽的(　　)。
8. 飞灰颗粒小于(　　)μm 的称为飘尘。
9. 烟尘中对人体危害最大的是(　　)。
10. 当大气中二氧化硫日平均浓度达到(　　)mg/m^3时,会使人呼吸系统、心血管系统疾病发病率上升。
11. 1 m 等于(　　)cm。
12. 1 t=(　　)kg。
13. 1 m^2=(　　)cm^2。
14. 表达泵扬程的单位是(　　)。
15. 表达泵转速的单位为(　　)。
16. 表达泵体积流量的单位为(　　)。
17. 表达泵工作压力的单位是(　　)。
18. 如果水的密度为 1 g/cm^3的话,每立方米水相当于(　　)t 水的质量。
19. 摩擦轮传动中,主动轮是依靠(　　)的作用带动从动轮转动。
20. 摩擦轮传动,分为两轴平行和(　　)两种类型。
21. 烟尘对(　　)和植物危害最大。
22. 进给运动是使新的材料继续(　　)的运动。
23. 允许尺寸的变动量称为(　　)。
24. 允许尺寸变化的两个界限值叫(　　)。
25. 零件设计时给定的尺寸叫(　　)。
26. 加工后测得的尺寸叫(　　)。
27. 尺寸公差带的大小是由(　　)确定的。
28. 尺寸公差带的位置是由(　　)确定的。
29. 标准公差共有(　　)级。
30. 孔和轴的基本偏差各有(　　)个。

31. 如果孔的尺寸大于轴的尺寸,装配时就产生(　　)。

32. 如果孔的尺寸小于轴的尺寸,装配时就产生(　　)。

33. 配合时的基准制有(　　)种。

34. 应力是指物件单位截面上所受的(　　)。

35. 空气作用于地球物件单位表面上的压力称为(　　)。

36. 标准大气压是指在(　　),即海拔为0 m,温度为0℃时所定的大气压。

37. 压力表所指示的压力称为(　　)。

38. 温度是表示物件(　　)的物理量。

39. 利用燃料燃烧所释放出热量生产蒸汽或热水的一种设备叫(　　)。

40. 截止阀按介质流动方向不同可分(　　)种结构形式。

41. 静压力方向是垂直并指向(　　)。

42. 脱硫后的烟气比未脱硫的烟气在大气中爬升高度要(　　)。

43. 当通过吸收塔的烟气流量加大时,系统脱硫效率可能会(　　)。

44. 脱硫系统中,石灰石粉仓内的容量应至少能存放锅炉BMCR工况下(　　)天的石灰石粉用量。

45. 脱硫系统停用时间超过(　　),需将石灰石粉仓中的石灰石粉用空,以防止积粉。

46. 脱硫系统投用后,锅炉热效率会略有(　　)。

47. 带有脱硫系统的锅炉效率(　　)。

48. 压力变送器是利用霍尔效应把压力作用下的弹性元件位移信号转换成(　　)信号来反应压力的变化称重。

49. 液体和气体都能流动,所以说都是(　　)。

50. 垂直作用在物件表面上的力称为(　　)。

51. 物件单位面积上受到的力叫做(　　)。

52. 锅炉黑烟中的主要成分是碳粒和(　　)。

53. 常用水泵按构造大致可分(　　)种。

54. 在单位时间内能排除液体的数量叫泵的(　　)。

55. 利用旋转产生的离心力作用输送液体的泵叫(　　)。

56. 单位质量液体通过泵后能被提升的高度叫泵的(　　)。

57. 泵轴在单位时间内旋转的次数叫泵的(　　)。

58. 单位时间泵所能做的功的大小叫(　　)。

59. 除去机械本身的能量损失和消耗外,由于泵的运转而使流体实际获得的功率叫(　　)。

60. 基准孔的基本偏差代号是(　　)。

61. 基准轴的基本偏差代号是(　　)。

62. 国标规定形状公差项目共(　　)项。

63. 物件有固体、(　　)和气体三种状态。

64. 电流是由(　　)的运动形成的。

65. 游标卡尺的内卡角主要用来测量(　　)。

66. 三视图的名称是:主视图、俯视图、(　　)。

67. 电荷有规则的运动称为(　　)。

68. 石灰湿法是目前应用最广、技术最成熟的(　　)工艺。

69. 当锅炉启动或 FGD 装置故障停运时,烟气由(　　)进入烟囱排放。

70. 厂用压缩空气系统的储气罐工作压力为 0.8 MPa,最低不低于(　　)。

71. 石灰石-石膏湿法脱硫工艺中,吸收剂的利用率较高,钙硫比通常在(　　)之间。

72. 脱硫装置对二氧化硫的吸收速率随 pH 值的降低而下降,当 pH 值降到(　　)时,几乎不能吸收二氧化硫。

73. 对脱硫用吸收剂有两个衡量的主要指标,就是纯度和(　　)。

74. 石灰石-石膏湿法中,通常要求吸收剂的纯度应在(　　)以上。

75. 如果电流的大小和方向都不随时间的变化而变化,则称其为(　　)。

76. 如果电流的大小和方向都随时间的变化而变化,则称其为(　　)。

77. 电位差称为(　　)。

78. 负载中电压的方向由正(　　)负。

79. 划线除要求划出的线条清晰均匀外,还应保证(　　)。

80. 除去机械本身的能量损失和消耗外,由于泵的运转而使流体实际获得的功叫(　　)。

81. 原动机械传给泵轴的功率叫(　　)。

82. 大型静压可调轴流式增压风机停运前,必须将入口可调静压(　　)。

83. 脱硫吸附剂应为(　　)。

84. 防止吸收塔反应池内浆液发生沉淀的常用方法有(　　)和脉冲悬浮。

85. 冬季 FGD 停运后必须采取(　　)措施。

86. 在脱硫系统第一次进烟试运时,为安全起见,最好采取手动分布操作,并将旁路挡板(　　)。

87. 脱硫副产品石膏通过吸收塔排出泵从吸收塔浆液池中抽出,送至石膏旋流站,脱水后的底流石膏浆液其含水率为(　　)左右,再送至真空皮带机进行过滤脱水。

88. 净烟气的腐蚀性要大于原烟气,主要是因为(　　)。

89. 废水旋流站分离的废水直接进入废水系统的(　　)。

90. 空气中二氧化硫浓度为氮氧化物浓度的(　　)倍时,不干扰氮氧化物的测定。

91. 当通过吸收塔的烟气流量加大时,系统脱硫效率可能会(　　)。

92. 有效功率与轴功率之比叫泵的(　　)。

93. 叶轮是离心泵的主要部件,装在(　　)上使流体获得能量。

94. 离心泵的泵体是离心泵所有部件中主要部件之一,它共起到(　　)个作用。

95. 离心泵中,密封环是镶装在泵体与叶轮相互摩擦的地方,它共起到(　　)个作用。

96. 轴封装置是装在(　　)伸出泵体的地方。

97. 轴封装置在离心泵中共起到(　　)个作用。

98. 轴封装置的密封方式有填料密封、(　　)和浮动密封三种。

99. 轴承是用来(　　)泵的转子。

100. 离心泵所以能泵水,主要是依靠泵轴带动叶轮旋转而产生的(　　)。

101. 吸入管及轴封漏气是造成水泵(　　)的原因之一。

102. 电机与泵轴不同心是水泵产生(　　)的原因之一。

103. 汽蚀现象对(　　)能起严重的破坏作用。

104. 汽蚀现象会使泵发生(　　),使泵不能正常工作。

105. 利用泵缸内容积的变化来输送液体的泵叫(　　)。

106. 依靠工作叶轮的旋转输送液体的泵叫(　　)。

107. 启动时发现水泵电流大且超过规定时间(　　)。

108. 启动时水泵的出口门无法打开,应(　　)。

109. 运转中,水泵轴承温度不得超过(　　)℃。

110. 石灰石浆液泵、工艺水泵等低压电机停运(　　)天以上再次启动时,必须联系电气人员对电机绝缘电阻进行测量,合格后方可启动。

111. 事故浆液池主要用于存放(　　)。

112. SO_2测试仪主要是测量锅炉尾部烟气中(　　)。

113. 当锅炉紧急停炉时,(　　)。

114. 对设备操作人员要求的"四会"包括会使用、(　　)、会检查、会排除故障。

115. 环境保护的(　　)是保障人民健康、促进经济与环境协调发展。

116. 企业为了保证和提高产品质量综合利用一整套质量管理体系、思想、手段和方法所进行的系统管理活动称为(　　)。

117. 正确穿戴(　　)保护用品和使用安全防护器具,工作才有安全保障。

118. 除尘器的主要性能指标是指(　　)和能捕集颗粒的大小。

119. 设备润滑"五定"是指定点、(　　)、定量、定时、定人。

120. 液体单位体积的重量称为液体的(　　)。

121. 离心泵的效率在(　　)左右。

122. 在脱硫系统运行时,运行人员必须做好运行参数的记录,至少应每(　　)h一次。

123. 当通过吸收塔的烟气流量加大时,系统脱硫效果可能会(　　)。

124. 离心泵主要由(　　)个零部件组成。

125. 为了充分利用吸收剂并保持脱硫效率,应将循环浆液的密度控制在(　　)kg/m^3。

126. 安全技术操作规程是(　　)安全生产的法规,必须严格遵守。

127. 各级、各类人员在各自岗位上都必须执行(　　)责任制。

128. 职工必须自觉接受安全技术教育和培训,不断提高安全意识和安全操作(　　)。

129. 特种作业人员必须持(　　)上岗。

130. 职工在工作中必须自觉接受(　　)人员的监督和检查。

131. 一个组织的活动、产生或服务中能与环境相互作用的要素叫做(　　)。

132. ISO 14000是国际(　　)系列标准的缩写。

133. 位于酸雨控制区和二氧化硫污染控制区内的火力发电厂应实行二氧化硫的全厂排放总量与各烟囱(　　)双重控制。

134. 在SO_2采样过程中,采样管应加热至(　　)℃,以防测定结果偏低。

135. 用于连接的螺纹是(　　)。

136. 涡轮齿圈常选用青铜材料,这是为了(　　)。

137. 金属的物理性能包括(　　)、熔点、导电性、导热性、热膨胀性、磁性。

138. 淬火的水温一般不超过(　　)。

139. 热处理工艺一般经过(　　)个阶段。

140. 起锯时,锯条与工件的角度约为(　　)左右。

141. 研磨时,研具的材料应比工件的材料(　　),这样可使研磨剂的微小磨粒嵌在研具上形成无数刀刃。

142. 10 号钢表示钢中含碳量为(　　)。

143. 钢的淬硬性主要取决于(　　)。

144. 蠕变是指金属在一定的温度(　　)下随时间的增加,发生缓慢的塑性变形现象。

145. 对于不对称的焊缝的结构采用先焊(　　)的一侧的方法。

146. 管道阻力是随着管壁的(　　)程度、管径的大小和管道里流过的物质而变化的。

147. 起重机械和起重工具的负荷不准超过(　　)。

148. 塑性是金属材料在受外力作用时产生(　　)而不发生断裂破坏的能力。

149. 亚弧电流的平均值等于(　　)倍的有效值。

150. 7806 型滚动轴承的内径尺寸为(　　)mm。

151. 离心水泵流量与转速的关系为(　　)。

152. 离心水泵的扬程与转速的关系为(　　)。

153. 比转速的物理意义是指在泵内的扬程为 1 m,流量为(　　)时的转速。

154. 异步电动机电源电压在允许范围内变化时,对电机的转速(　　)。

155. 灰渣颗粒的硬度取决于(　　)和燃烧方式。

156. 除灰管道磨损与输送的水流或气流的(　　)有一定关系。

157. 阀门阀杆与阀盖间是依靠填料来密封的,填料的选用根据(　　)和温度的不同来确定的。

158. 泵与电机对轮的轴向间隙一般为(　　)mm。

159. 湿式除尘器的落灰管应保持良好的(　　),以防止漏风。

160. 灰渣泵的转子和电动机一般用(　　)。

161. 灰渣泵在不同的流量下,其与扬程效率和功率之间的关系称为(　　)。

162. 亚共析钢含碳量是(　　)。

163. 旋转式给料器(　　)转子叶片间存灰小,转子转动时较轻,可以带负荷启动。

二、单项选择题

1. 我国大气污染的类型是(　　)。

(A)烟煤型　　(B)化工型　　(C)沙尘型　　(D)排放型

2. 止回阀是用于(　　)。

(A)防止管道中流体倒流　　(B)起保证设备安全作用

(C)调节管道中流体的流量及压力　　(D)便于检修管道

3. 锅炉排放二氧化硫浓度标准不超过(　　)。

(A)1 000 mg/m³　　(B)200 mg/m³　　(C)1 800 mg/m³　　(D)2 000 mg/m³

4. 烟尘中对人体危害最大的是(　　)。

(A)降尘　　(B)煤尘　　(C)飘尘　　(D)浮尘

5. 当大气中二氧化硫日平均浓度达到(　　)时会使人心血管疾病发病率上升。

(A)3.5 mg/m³　(B)4.5 mg/m³　(C)5.5 mg/m³　(D)6.5 mg/m³

6. 在常用锅炉中,(　　)的排尘量相对较小。

(A)抛煤机炉　(B)链条炉　(C)沸腾炉　(D)燃油炉

7. 一般电除尘器产生高压直流电采用(　　)来实现。

(A)机械整流　(B)电子管整流　(C)硒整流器　(D)硅整流器

8. 静电除尘器阻力最小,(　　)阻力最大。

(A)旋风除尘器　(B)麻石水膜文丘里除尘

(C)泡沫板除尘　(D)机械除尘器

9. 水膜除尘器原理主要靠水的(　　)作用和离心力达到降尘效果。

(A)吸附　(B)冲刷　(C)喷淋　(D)化学反应

10. 旋风除尘器原理主要靠(　　)力作用和撞击达到降尘效果。

(A)惯性　(B)离心　(C)冲击　(D)漂浮

11. 静电除尘器原理主要靠(　　)的作用将尘分离达到除尘目的。

(A)高压电流　(B)高压电场力　(C)高电阻力　(D)高压电流

12. 常压下,温度为100℃时,水的密度是(　　)。

(A)500 mg/m³　(B)1 000 mg/m³　(C)1 200 mg/m³　(D)1 400 mg/m³

13. 煤质好坏对锅炉排尘浓度影响(　　)。

(A)不大　(B)极大　(C)很大　(D)没有作用

14. 煤的灰分大小与烟尘浓度是(　　)关系。

(A)对等　(B)正比　(C)反比　(D)没有关系

15. 叶片泵是靠(　　)作用提升液体的。

(A)叶片　(B)泵轴　(C)电机　(D)功率

16. 靠(　　)的变化输送液体的叫容积泵。

(A)压力　(B)功率　(C)容积　(D)体积

17. 工作压力在(　　)范围内属于中压泵。

(A)0.2～0.6 MPa　(B)0.1～0.2 MPa　(C)0.5～0.8 MPa　(D)0.7～1.1 MPa

18. 活塞泵是靠活塞的(　　)输送液体的。

(A)往复运动　(B)上下运动　(C)旋转运动　(D)平衡运动

19. 在单位时间内泵所能作功的大小叫(　　)。

(A)轴功率　(B)有效功率　(C)功率　(D)无效功率

20. 轴功率是原动机传给(　　)的功率。

(A)叶轮　(B)泵轴　(C)泵体　(D)电机

21. 表达泵功率单位的符号是(　　)。

(A)kW　(B)MPa　(C)km　(D)PW

22. 循环水泵的轴封装置是采用(　　)形式。

(A)浮动密封　(B)机械密封　(C)填料密封　(D)塑料密封

23. 检查轴承珠架磨损不得超过珠架厚度的(　　)。

(A)1/3　(B)2/3　(C)1/2　(D)1/4

24. 泵的扬程是指单位质量的液体通过泵后所获得的(　　)。

(A)压力能　(B)动能　(C)位能　(D)总能量

25. 管内流体的流动速度增大时,流动阻力(　　)。

(A)不变　(B)减小　(C)增大　(D)前三者都不对

26. 地表水和地下水统称为(　　)。

(A)净水　(B)天然水　(C)处理水　(D)纯净水

27. 低氧燃烧时,产生的(　　)较少。

(A)硫　(B)二氧化硫　(C)三氧化硫　(D)氧

28. 脱硫吸附剂应为(　　)。

(A)碱性　(B)酸性

(C)中性　(D)既有碱性也有酸性

29. 压力变送器是利用霍尔兹原理把压力作用下的弹性元件位移信号转换成(　　)信号,来反映压力的变化。

(A)电流　(B)电压　(C)相位　(D)频率

30. 变频器的调速主要是通过改变电源的(　　)来改变电动机的转速。

(A)电压　(B)频率　(C)相位　(D)以上都要变化

31. 在相同的工作环境下,下列(　　)类型的执行机构响应速度较慢。

(A)液动　(B)电动　(C)气动　(D)无法区别

32. 气动调节执行机构动作缓慢或不动时,最可排除在外的原因是(　　)。

(A)阀门内部机务部分卡涩　(B)气源的进气路有泄漏

(C)调节机构的反馈装置没调整好　(D)气缸内部活塞密封不好

33. 引起被调量偏离设定值的各种因素称为(　　)。

(A)扰动　(B)偏差　(C)误差　(D)调节

34. pH 值大于 7 的浆液呈(　　)。

(A)酸性　(B)碱性　(C)中性　(D)不确定

35. 通过(　　)可以很直观地看出脱硫系统输入/输出的物料平衡关系。

(A)吸收塔系统　(B)系统图　(C)产出硫铵量　(D)物料平衡图

36. 凡设备对地电压在(　　)以下者为低压。

(A)250 V　(B)380 V　(C)36 V　(D)24 V

37. 轴封水的压力应(　　)灰渣泵出口压力。

(A)小于　(B)大于　(C)等于　(D)不一定

38. 电动机在运行中,电源电压不能超出电动机额定电压的(　　)。

(A)±5%　(B)±10%　(C)±20%　(D)±30%

39. 在正常情况下,异步电动机允许在冷态下最多启动(　　)。

(A)一次　(B)两次　(C)三次　(D)四次

40. 泡沫灭火器扑救(　　)的火灾效果最好。

(A)化学药品　(B)油类　(C)可燃气体　(D)电气设备

41. 异步电动机在启动过程中发生一相断线时,电动机(　　)。

(A)启动时间延长　(B)启动正常　(C)启动不起来　(D)启动时有声响

42. 在正常运行中,若发现电动机冒烟,应(　　)。

(A)继续运行 (B)申请停机 (C)紧急停机 (D)马上灭火

43. 触电人心脏跳动停止后,应采用(　　)方法进行挽救。

(A)口对口呼吸 (B)胸外心脏挤压 (C)打强心针 (D)摇臂压胸

44. 泵汽蚀的根本原因在于(　　)。

(A)泵吸入口压力过高 (B)泵出口的压力过高

(C)泵吸入口压力过低 (D)泵吸入口温度过低

45. (　　)只适用于扑救 600 V 以下的带电设备的火灾。

(A)泡沫灭火器 (B)二氧化碳灭火器 (C)干粉灭火器 (D)1211 灭火器

46. 电动机两相运行时,电动机外壳(　　)。

(A)带电 (B)温度无变化 (C)温度升高 (D)温度降低

47. 烟气中的硫元素的存在形态主要以气体形态存在,包括(　　)。

(A)SO (B)SO_2、SO_3 (C)SO_4 (D)SO_5

48. (　　)是回收法脱硫。

(A)半干法 (B)镁法 (C)氨法 (D)干法

49. (　　)是抛弃法脱硫。

(A)半干法 (B)镁法 (C)氨法 (D)干法

50. 二氧化硫与二氧化碳作为大气污染物的共同之处在于(　　)。

(A)都是一次污染 (B)都是产生酸雨的主要污染物

(C)都是无色、有毒的不可燃气体 (D)都是产生温室效应的气体

51. 位于酸雨控制区和二氧化硫污染控制区内的钢厂,应实行二氧化硫的全厂排放总量与各烟囱(　　)双重控制。

(A)排放高度 (B)排放总量

(C)排放浓度 (D)排放浓度和排放高度

52. 在 SO_2 采样过程中,采样管应加热至(　　),以防测定结果偏低。

(A)80℃ (B)100℃ (C)120℃ (D)140℃

53. 下列元素中(　　)为煤中有害的元素。

(A)碳元素 (B)氢元素 (C)硫元素 (D)氮元素

54. 脱硫风机所消耗的电能一般占脱硫设备电能消耗的(　　)。

(A)10%～20% (B)20%～30% (C)50%～60% (D)80%～90%

55. 脱硫吸收塔一般划分在(　　)中。

(A)烟气系统 (B)吸收/氧化系统

(C)公用系统 (D)吸收剂制备系统

56. 下列设备中,属于氨法脱硫烟气系统的是(　　)。

(A)增压风机 (B)除尘泵 (C)脱硫泵 (D)吸收塔

57. 烟气和吸收剂在吸收塔中应有足够的接触面积和(　　)。

(A)滞留时间 (B)流速 (C)流量 (D)压力

58. 湿法脱硫系统中,气相的二氧化硫经(　　)从气相溶入液相,与水生成亚硫酸。

(A)扩散作用 (B)溶解作用 (C)湍流作用 (D)吸收作用

59. 为防止脱硫后烟气携带水滴对系统下游造成不良影响,必须在吸收塔出口处加

装(　　)。

(A)水力旋流器　(B)除雾器　(C)布风托盘　(D)再热器

60. 烟气脱硫装置的脱硫效率一般不小于95%,主体设备设计使用寿命不低于(　　)。

(A)10年　(B)20年　(C)30年　(D)40年

61. 除尘设备常用水为(　　)。

(A)天然水　(B)处理水　(C)纯净水　(D)中水

62. 对二氧化硫的吸收速率随pH值的降低而下降,当pH值降到(　　)时,几乎不能吸收二氧化硫了。

(A)3　(B)4　(C)5　(D)6

63. 对脱硫用吸收剂有两个衡量的指标,就是纯度和(　　)。

(A)硬度　(B)密度　(C)溶解度　(D)粒度

64. 调试烟气挡板前,应分别用(　　)的方式操作各烟气挡板,挡板应开关灵活,开关指示及反应正确。

(A)远控　(B)就地手动　(C)就地气(电)动　(D)上述三种

65. 机械密封与填料密封相比,机械密封的(　　)。

(A)密封性能差　(B)价格低　(C)机械损失小　(D)机械损失大

66. 泵轴一般采用的材料为(　　)。

(A)A3钢　(B)45号钢　(C)铸铁　(D)合金钢

67. 下面几种泵相对流量大的是(　　)。

(A)离心泵　(B)齿轮泵　(C)轴流泵　(D)双吸泵

68. 常说的30号机油中的"30号"是指(　　)。

(A)规定温度下的黏度　(B)使用温度

(C)凝固点　(D)油的滴点

69. Z41H是一种阀门的牌号,其中"Z"说明这种阀门是(　　)。

(A)截止阀　(B)闸阀　(C)球阀　(D)止回阀

70. 灰浆泵是离心泵,它的流量与转速的关系为(　　)。

(A)一次方　(B)两次方　(C)三次方　(D)四次方

71. 人体皮肤出汗潮湿或损伤时,人体的电阻约为(　　)。

(A)10 000 Ω～100 000 Ω　(B)1 000 Ω

(C)100 000 Ω　(D)100 Ω

72. 电除尘器除尘效率一般为(　　)。

(A)99%　(B)80%　(C)98%　(D)100%

73. 电除尘器运行过程中烟气浓度过大,会引起电除尘的(　　)现象。

(A)电晕封闭　(B)反电晕　(C)电晕线肥大　(D)二次飞扬

74. 泵与风机是把机械能转变为流体(　　)的一种动力设备。

(A)动能　(B)压能　(C)势能　(D)动能和势能

75. 设备依照条件而实现连动、连开、连停的装置或系统,总称为(　　)。

(A)反馈　(B)联锁　(C)机构　(D)网络

76. 装配图中的形状、大小完全相同的零件应(　　)。

(A)分开编序号　(B)只有一个序号　(C)任意编序号　(D)不需要编序号

77. pH=11.02 中，此数值的有效数字为(　　)。

(A)1　(B)2　(C)3　(D)4

78. 一个标准大气压等于(　　)。

(A)133.322 5 Pa　(B)101.325 kPa　(C)756 mmHg　(D)1 033.6 g/cm^2

79. pH=2.0 和 pH=4.0 的两种溶液等体积混合后，pH 值为(　　)。

(A)2.1　(B)2.3　(C)2.5　(D)3.0

80. 测定烟气主要成分含量时，应在靠近烟道(　　)处采样测量。

(A)中心处　(B)边缘处　(C)拐角处　(D)任意点

81. 空气中二氧化硫浓度为氮氧化物浓度的(　　)倍时，不干扰氮氧化物的测定。

(A)5　(B)10　(C)20　(D)30

82. 在脱硫系统的第一次进烟试运时，为稳妥起见，最好采取手动分布操作，并将旁路挡门(　　)。

(A)投入联锁保护　(B)由 DCS 自动控制

(C)强制手动关闭　(D)强制手动全开

83. 氨法脱硫的脱硫效率可高达(　　)。

(A)85%　(B)90%　(C)95%　(D)100%

84. 泵的运行工况点是由下面(　　)两条曲线的交点所定。

(A)扬程-流量和效率-流量　(B)扬程-流量和轴功率-流量

(C)效率-流量和轴功率-流量　(D)流量-流量和轴功率-效率

85. 商业品质的脱硫副产品硫酸铵已得到大量的应用，其中(　　)行业应用最多。

(A)建材　(B)复合化肥　(C)食品加工　(D)医药

86. 因工作需要，拆开电源线的检修工作完成后，必须对循环泵电机进行单电机试转，主要目的是为了检查电机(　　)。

(A)运行是否平稳　(B)转向是否符合要求

(C)轴承温度是否正常　(D)振动值是否超标

87. 大气压是表示空气作用于地球物体单位表面上的(　　)。

(A)压强　(B)作用力　(C)压力　(D)反作用力

88. 除尘器正常运行用水是以沉淀池分离出的(　　)为主。

(A)灰水　(B)工业水　(C)循环水　(D)中水

89. 密度 ρ 与重度 γ 之间的正确关系为(　　)。

(A)$\rho=\gamma$　(B)$\rho=\gamma g$　(C)$\gamma=\rho g$　(D)$\gamma=\rho t$

90. 在串联电路 3 个电阻上流过的电流(　　)。

(A)愈靠前的电阻电流愈大　(B)愈靠后的电阻电流愈大

(C)在中间位置的电阻电流最大　(D)相同

91. 下列对质量评述正确的是(　　)。

(A)在国内市场质量是好的，在国际市场上也一定是最好的

(B)今天的好产品，在生产力提高后，也一定是好产品

(C)工艺要求越高，产品质量越精

(D)要质量必然失去数量

92. 掌握必要的职业技能是(　　)。
(A)每个劳动者立足社会的前提　(B)每个劳动者对社会应尽的道德义务
(C)为人民服务的先决条件　(D)竞争上岗的唯一条件
93. 键连接属于(　　)。
(A)可拆的活动连接　(B)不可拆的固定连接
(C)可拆的固定连接　(D)不可拆的活动连接
94. 耐腐蚀泵的泵轴材质一般是由(　　)制造的。
(A)碳钢　(B)合金钢　(C)不锈钢　(D)铸钢
95. 水泵的(　　)是表示泵对水的提升高度的设计量。
(A)流量　(B)扬程　(C)功率　(D)泵径
96. 泵轴在单位时间内(　　)次数叫泵的转数。
(A)旋转　(B)往复　(C)撞击　(D)平衡
97. 轴承是用来支撑泵的(　　)的。
(A)泵体　(B)转子　(C)对轮　(D)电机
98. 电机与泵对轮不同心是产生(　　)的原因之一。
(A)振动　(B)汽蚀　(C)超温　(D)撞击
99. (　　)部件是离心泵的主要部件,装在轴上使液体获得能量。
(A)轴承　(B)叶轮　(C)泵体　(D)电机
100. 离心泵能泵水,主要靠泵轴带动叶轮旋转产生的(　　)来完成的。
(A)离心力　(B)向心力　(C)冲击力　(D)作用力
101. 泵体是离心泵的主要部件之一,它有(　　)个作用。
(A)3　(B)4　(C)5　(D)6
102. 复合钙基润滑脂,最高使用温度一般不超过(　　)。
(A)100℃　(B)120℃　(C)150～200℃　(D)80℃
103. 静止液体内的压力称为液体的(　　)。
(A)静压力　(B)压力　(C)压强　(D)离心力
104. 液体和气体统称为(　　)。
(A)气体　(B)流体　(C)固体　(D)浮体
105. 体积流量的表示单位是(　　)。
(A)m^3/h　(B)公斤/h　(C)mL/s　(D)mL/min
106. 表示机件内形的图形是(　　)。
(A)视图　(B)剖视图　(C)剖面图　(D)草图
107. 工作压力为 0.4 MPa 的阀门叫(　　)阀。
(A)中压　(B)高压　(C)真空　(D)低压
108. 闸阀、截止阀均属于(　　)类阀门。
(A)分流　(B)截断　(C)调节　(D)控制
109. 经过整流后最接近直流的整流电路是(　　)。
(A)单相全波电路　(B)单相桥式电路　(C)三相半波电路　(D)三相桥式电路
110. 为了防止介质超压而起安全作用的阀门叫(　　)。
(A)调节阀　(B)安全阀　(C)阻气阀　(D)截止阀

111. 阀门的连接形式有(　　)种。

(A)2　　(B)3　　(C)4　　(D)5

112. 物体单位面积上受到的力叫做(　　)。

(A)压强　　(B)压力　　(C)真空　　(D)静压力

113. 56FB—150 型泵的设计流量是(　　)。

(A)150 m^3/h　　(B)180 m^3/h　　(C)178.2 m^3/h　　(D)192.4 m^3/h

114. 在一根圆轴上画对称线时，通常在(　　)上面画线。

(A)平台　　(B)V 形铁　　(C)台虎钳　　(D)机床

115. (　　)可作电动机欠压和过载保护用。

(A)闸刀开关　　(B)接触器　　(C)熔断器　　(D)磁力启动器

116. 56FB—150 型泵的设计扬程是(　　)。

(A)40 m　　(B)45 m　　(C)48 m　　(D)52 m

117. 由于大型零部件在吊装、摆放时会引起不同程度的变形，所以势必引起该零部件的(　　)。

(A)尺寸差异　　(B)形态变化　　(C)位置变化　　(D)精度变化

118. (　　)是目前应用最广、技术最成熟的脱硫工艺。

(A)循环流化床法　　(B)喷雾干燥法

(C)石灰(石灰石)湿法　　(D)原煤脱硫

119. 楔键的上表面斜度为(　　)。

(A)1/100　　(B)1/50　　(C)1/30　　(D)1/20

120. 标准圆锥销的锥度为(　　)。

(A)1/10　　(B)1/20　　(C)1/30　　(D)1/50

121. 在机械传动中，能够实现远距离传动的是(　　)。

(A)螺旋传动　　(B)带传动　　(C)齿轮传动　　(D)蜗杆传动

122. 粉煤灰由于含有大量(　　)，因此可以作为建材工业的原料使用。

(A)CaO 和 SiO_2　　(B)CaO 和 AL_2O_3　　(C)SiO_2 和 AL_2O_3　　(D)MgO 和 CaO

123. 一般来说，剖分式滑动轴承属于(　　)。

(A)动压滑动轴承　　(B)静压滑动轴承

(C)液体摩擦轴承　　(D)非液体摩擦轴承

124. 接触器是一种(　　)。

(A)手动电器式开关　　(B)自动电磁式开关

(C)保护电器　　(D)行程开关

125. 电动机的转速与电磁转矩的关系称为(　　)。

(A)转差　　(B)转差率　　(C)机械特性　　(D)过载能力

126. 运行时，不能自行启动的电动机是(　　)。

(A)交流电动机　　(B)直流电动机　　(C)同步电动机　　(D)异步电动机

127. 水泵(　　)是对液体做功的部件。

(A)叶轮　　(B)泵壳　　(C)泵轴　　(D)电机

128. 锉刀的规格用(　　)表示。

(A)长度 (B)宽度 (C)厚度 (D)形状

129. 游标卡尺,尺框上游标的“0”刻线与尺身的“0”刻度对齐,此时量尺之间的距离为( )。

(A)0.001 (B)0.1 (C)0 (D)0.01

130. 由几个螺杆啮合在一起组成的泵叫( )。

(A)齿轮泵 (B)螺杆泵 (C)往复泵 (D)叶轮泵

131. 不表示电器元件的真实相对位置,供一般检修、科技等人员使用的电路图是( )。

(A)原理图 (B)安装配线图 (C)原理配线图 (D)控制配线图

132. 为防止脱硫后的烟气对系统后部设备造成腐蚀,一般要求净烟气温度至少加热到( )以上。

(A)60℃ (B)72℃ (C)85℃ (D)90℃

133. 最常见的烟气加热方法有5种,其中采用回转式GGH加热的方式称为( )。

(A)旁路加热 (B)循环加热 (C)在线加热 (D)热空气间接加热

134. 循环浆液的pH值高于5.8后,系统脱硫效率反而下降,是因为( )。

(A)H^+浓度降低不利于碳酸钙的溶解 (B)钙硫比降低

(C)循环浆液中钙离子浓度增加 (D)硫酸钙过于饱和

135. 湿式除尘器要求供水( )必须稳定,否则影响效率。

(A)流量 (B)压力 (C)温度 (D)压强

136. 静压力的方向总是( )并指向工作面。

(A)垂直 (B)水平 (C)固定 (D)压力

137. 液体单位体积的质量称为液体的( )。

(A)静压力 (B)重度 (C)密度 (D)动压力

138. 液体密度的表示单位是( )。

(A)mg/cm^3 (B)m^3/h (C)kg/m^3 (D)g/m^3

139. 脱硫系统中选用的金属材料,不仅要考虑强度、耐磨蚀性,还应考虑( )。

(A)抗老化能力 (B)抗疲劳能力 (C)抗腐蚀能力 (D)耐高温性能

140. 1 250 kg/m^3浆液密度对应的浆液含固量是( )。

(A)10% (B)15% (C)20% (D)30%

141. 自动调节回路中,用来测量被调过程变量的实际值的硬件,称为( )。

(A)传感器 (B)调节器 (C)执行器 (D)放大器

142. 前一台泵向后一台泵供水的方式称为( )。

(A)串联 (B)并联 (C)加压 (D)加大功率

143. 为了减少计算机系统或通信系统的故障概率,而对电路和信息的重复或部分重复,在计算机术语中叫做( )。

(A)备份 (B)分散 (C)冗余 (D)集散

144. pH值可用来表示水溶液的酸碱度,pH值越大,( )。

(A)酸性越强 (B)碱性越强 (C)碱性越弱 (D)不一定

145.《环境空气质量标准》(GB 3095—1996)规定标准状态下,SO_2日平均二级标准为( )。

(A)0.06 mg/m³ (B)0.10 mg/m³ (C)0.15 mg/m³ (D)0.20 mg/m³

146. 干法脱硫的运行成本和湿法脱硫相比，总的来说(　　)。

(A)干法脱硫比湿法脱硫高 (B)湿法脱硫比干法脱硫高

(C)两者差不多 (D)两者无可比性

147. (　　)在导体中定向连续运动叫做电流。

(A)电子 (B)绝缘体 (C)半导体 (D)导体

148. 除尘器如果漏风，其(　　)会下降很多。

(A)功率 (B)效率 (C)能力 (D)指标

149. 1 kg 标准煤的发热量为(　　)。

(A)20 934 kJ (B)25 120.8 kJ (C)29 271.2 kJ (D)12 560.4 kJ

150. 两台以上水泵同时向一个管路输送液体的方式叫(　　)。

(A)加压 (B)串联 (C)并联 (D)加大功率

151. 分工与协作的关系是(　　)。

(A)分工是相对的，协作是绝对的 (B)分工与协作是对立的

(C)二者没有关系 (D)分工是绝对的，协作是相对的

152. 清水泵用联轴器为(　　)结构。

(A)钢性 (B)弹性爪型 (C)直连 (D)串联

153. 水泵为并联工作方式时，其扬程(　　)。

(A)增大 (B)减少 (C)不变 (D)急剧放大

154. 若干元件流过同一电流称为(　　)。

(A)串联 (B)并联 (C)混联 (D)星形连接

155. 电阻并联电路中，各支路电流与各支路电导(　　)。

(A)成正比 (B)成反比 (C)相等 (D)无关

156. 10 个工程大气压等于(　　)。

(A)9.8 MPa (B)0.98 MPa (C)0.098 MPa (D)98 MPa

157. 流体的静压力总是与作用面(　　)。

(A)平行 (B)垂直

(C)垂直且指向作用面 (D)倾斜

158. 黏度随温度升高变化的规律是(　　)。

(A)液体和气体黏度均增大 (B)液体黏度增大，气体黏度减小

(C)液体黏度减小，气体黏度增大 (D)液体和气体黏度均减小

159. 物质分子之间的吸引力大小关系为(　　)。

(A)固体＞液体＞气体 (B)固体＜液体＜气体

(C)气体＜固体＜液体 (D)液体＜气体＜固体

160. 绝对压力就是(　　)。

(A)容器内工质的真实压力 (B)压力表所指示的压力

(C)真空表所指示压力 (D)大气压力

161. 煤粉在炉膛内燃烧是(　　)的过程。

(A)热能转换为机械能 (B)化学能转换为光能

(C)化学能转换为热能　　(D)机械能转换为热能

162. Y—150ZT 型压力表是代表(　　)。

(A)径向带后环,直径 150 mm　　(B)轴向带前环,压力为 15 MPa

(C)轴向带后环,直径 150 mm　　(D)轴向带后环,压力为 15 MPa

163. 在 220 V 电源上串联下列 4 个灯泡,其中最亮的是(　　)。

(A)220 V、40 W　　(B)220 V、100 W　　(C)220 V、60 W　　(D)250 V、40 W

164. 在并联电路中总电流等于各支路电流之(　　)。

(A)差　　(B)和　　(C)积　　(D)倒数

三、多项选择题

1. 仓泵是一种充气的压力容器,以压缩空气为输送(　　),周期性地排放干态细灰的输送设备。

(A)动力　　(B)压力　　(C)管径　　(D)介质

2. 设备使用维护的"三好"要求是(　　)。

(A)管好　　(B)保护好　　(C)用好　　(D)维护好

3. 如果需要(　　)的材料,就应选用低碳钢。

(A)塑性高　　(B)硬度高　　(C)韧性高　　(D)刚性高

4. 为了提高钢的(　　),可采用淬火处理。

(A)硬度　　(B)耐磨性　　(C)塑性　　(D)韧性

5. 用直径 3 mm 的钻头钻硬材料时应采取(　　)。

(A)较大进给量　　(B)较低转速　　(C)较高转速　　(D)较小进给量

6. 对于密封性能要求高,需要更换、拆卸的部件,宜采用(　　)连接形式。

(A)法兰　　(B)螺纹　　(C)焊接　　(D)铆接

7. 钢材的腐蚀一般分为(　　)两种。

(A)干腐蚀　　(B)湿腐蚀　　(C)酸腐蚀　　(D)碱腐蚀

8. 火力发电厂禁止向河水排放倾倒(　　)。

(A)工业废气　　(B)工业废品　　(C)工业废渣　　(D)其他废弃物

9. 蝶阀一般适用于(　　)的流体介质管道的截流或流量调节。

(A)小管径　　(B)高压头　　(C)大管径　　(D)低压头

10. (　　)不适应于扑救 600 V 以下的带电设备的火灾。

(A)泡沫灭火器　　(B)二氧化碳灭火器

(C)干粉灭火器　　(D)1211 灭火器

11. 下列不是漏电保护器的作用的是(　　)。

(A)防止短路　　(B)防止人身触电

(C)防止开路　　(D)防止电气设备外壳带电

12. (　　)是万能量具和量仪。

(A)水平仪　　(B)卡尺　　(C)千分尺　　(D)百分表

13. 用翻车卸煤机的卸煤方式是(　　)的卸煤方式。

(A)机械化程度高　　(B)节约经费　　(C)效率高　　(D)维护率低

14. 泵动静部分(　　)影响设备效率。
(A)间隙　(B)漏流　(C)振动　(D)温度
15. 装配尺寸包括(　　)。
(A)配给尺寸　(B)连接尺寸　(C)界位尺寸　(D)相互位置尺寸
16. 轴承一般分为(　　)。
(A)滚动轴承　(B)滑动轴承　(C)滚珠轴承　(D)针式轴承
17. 轴承主要承受转子的(　　)载荷。
(A)径向　(B)定向　(C)轴向　(D)直向
18. 下引式仓泵主要由带锥底的罐体、(　　)等组成。
(A)出灰阀　(B)进料阀　(C)排料斜喷嘴　(D)供气管路
19. 水泵在启动前排空气的方法有(　　)。
(A)灌水法　(B)抽真空法　(C)抽水法　(D)排空法
20. 錾子的种类主要有扁錾、(　　)、圆錾、菱形錾六种。
(A)尖錾　(B)T形錾　(C)蹄錾　(D)油槽錾
21. 我们俗称的“三废”是指(　　)。
(A)废油　(B)废气　(C)废渣　(D)废水
22. 在除灰管道系统中,流动阻力存在的形式是(　　)。
(A)沿程阻力　(B)局部阻力　(C)径向阻力　(D)纵向阻力
23. 火力发电厂三大主要生产系统是(　　)。
(A)汽水系统　(B)排污系统　(C)燃烧系统　(D)电气系统
24. 对电除尘效率影响较大的因素是(　　)。
(A)运行因素　(B)粉尘特性　(C)结构因素　(D)烟气性质
25. 在一定的烟气量下,脱硫效率主要通过吸收塔浆液(　　)来控制。
(A)pH值　(B)浆液密度　(C)吸收塔液位　(D)密度
26. 电动机在运行中监测温度变化的方法有(　　)。
(A)鼻闻　(B)手摸　(C)滴水　(D)用温度计测量
27. 润滑油在各种机械中的作用是(　　)。
(A)润滑作用　(B)冷却作用　(C)封闭作用　(D)清洁作用
28. 烧结过程排出的烟气会对大气造成严重污染,其主要污染物是烟尘和(　　)。
(A)氮氧化物　(B)二氧化碳
(C)尘粒　(D)微量重金属微粒
29. 按照烟气和循环浆液在吸收塔内的相对流向,可将吸收塔分为(　　)。
(A)填料塔　(B)顺流塔　(C)逆流塔　(D)托盘塔
30. 仓泵按布置方式一般分为(　　)。
(A)单仓布置　(B)单一布置　(C)多重布置　(D)双仓布置
31. 50号锰钢的特点有(　　)。
(A)焊接困难　(B)质地较硬　(C)加工困难　(D)价格较高
32. 常用的润滑剂有(　　)。
(A)润滑油　(B)齿轮油　(C)润滑脂　(D)二硫化钼

33. 六个基本视图中最常用的是(　　)。

(A)主视图　(B)俯视图　(C)左视图　(D)剖视图

34. 六个基本视图的投影规律是(　　)。

(A)长对正　(B)俯视正　(C)高平齐　(D)宽相等

35. 脱硫系统的补充水主要来自(　　)。

(A)吸收剂　(B)除雾器冲洗水　(C)废水　(D)补加水

36. 吸收塔的内部设备有(　　)。

(A)支架　(B)除雾器

(C)搅拌器　(D)浆液喷淋管和喷嘴

37. 按脱硫工艺在生产中所处的部位不同,脱硫技术分为(　　)。

(A)燃烧前脱硫　(B)炉内燃烧脱硫

(C)燃烧后烟气脱硫　(D)海水脱硫

38. 脱硫系统的设备及管道腐蚀按腐蚀原理分为(　　)。

(A)局部腐蚀　(B)全面腐蚀　(C)化学腐蚀　(D)电化学腐蚀

39. 脱硫的控制装置可以采用(　　)控制系统。

(A)DCS　(B)PLC　(C)FSSS　(D)DAS

40. 烟气分析仪表"CEMS"可以(　　)。

(A)测量烟气在线分析数据　(B)计算脱硫效率

(C)向环保部门上传数据　(D)控制烟气含硫量

41. 酸性不溶解物包括(　　)。

(A)砂砾　(B)玻璃纤维　(C)石灰石　(D)石膏

42. 大修工序一般分为(　　)三个阶段进行,其中"修"是指对设备进行清扫、检查、处理设备缺陷,更换易磨损部件,落实特殊项目的技术措施,这是检修的重要环节。

(A)拆　(B)卸　(C)装　(D)修

43. 离心泵轴向推力的平衡方式有(　　)。

(A)平衡孔法　(B)叶轮对称进水法　(C)平衡盘法　(D)推力轴承法

44. 吸收塔的作用是将原烟气中的(　　)脱除。

(A)有毒气体　(B)污染气体　(C)固体污染物　(D)污染垃圾

45. 泵的轴功率是指由(　　)传到泵轴上的功率。

(A)原动机　(B)电机　(C)齿轮箱　(D)传动装置

46. 在氧化空气中喷入工业水的主要目的是为了(　　)。

(A)防止氧化空气管路　(B)降温

(C)喷嘴结垢　(D)提高氧化效率

47. 防止吸收塔反应池内浆液发生沉淀的常用方法有(　　)。

(A)机械搅拌　(B)脉冲悬浮　(C)人工搅拌　(D)鼓风搅拌

48. 搅拌吸收塔浆池内的浆液除了悬浮浆液中的固体颗粒外,还可起到以下作用:(　　)。

(A)使加入的吸收剂浆液尽快分布均匀

(B)避免局部脱硫反应产物的浓度过高,这有利防止石膏垢的形成

(C)提高氧化效果和有利于石膏结晶的形成

(D)使加入的浆液尽快搅拌分布均匀

49. 检修记录应包括(　　)等。

(A)设备技术状况　　(B)系统的改变

(C)运行状况　　(D)检验和测试数据

50. 按照金属腐蚀破坏形态可把金属腐蚀分为(　　)。

(A)高温腐蚀　　(B)低温腐蚀　　(C)全面腐蚀　　(D)局部腐蚀

51. 按照腐蚀发生的温度把金属腐蚀分为(　　)。

(A)高温腐蚀　　(B)低温腐蚀　　(C)全面腐蚀　　(D)局部腐蚀

52. 脱硫系统停止运行,一般分为(　　)。

(A)正常停运　　(B)抢修停运　　(C)事故停运　　(D)轮休停运

53. 吸收塔主要由(　　)。

(A)吸收区域　　(B)除雾器　　(C)浆液池　　(D)搅拌系统

54. 液体的流动阻力一般分为(　　)。

(A)沿程阻力　　(B)管道阻力　　(C)摩擦阻力　　(D)局部阻力 DAS

55. (　　)是衬里腐蚀破坏的三个方面。

(A)残余应力　　(B)热胀冷缩　　(C)介质渗透　　(D)施工质量

56. (　　)是给水管道水击原因之一。

(A)出水管内存在空气　　(B)进水管内存在空气

(C)倒流进蒸汽　　(D)顺流进蒸汽

57. 水是由(　　)元素组成的。

(A)H　　(B)C　　(C)O　　(D)S

58. 物体有三态即(　　)。

(A)液体　　(B)气体　　(C)凝固体　　(D)固体

59. 离心泵在运行过程中有(　　)等能量损失。

(A)机械损失　　(B)容积损失　　(C)压力损失　　(D)水力损失

60. 不锈钢可分为(　　)两类。

(A)铬锌不锈钢　　(B)铬不锈钢　　(C)铬镍不锈钢　　(D)铬钴不锈钢

61. 水泵的轴封装置一般有(　　)。

(A)塑料密封　　(B)填料密封　　(C)机械密封　　(D)浮动密封

62. 轴承一般常用有(　　)两种。

(A)定向轴承　　(B)滚动轴承　　(C)滑动轴承　　(D)支撑轴承

63. 煤中的硫通常以(　　)。

(A)单质硫　　(B)有机硫　　(C)黄铁矿硫　　(D)硫酸盐硫

64. 脱硫工艺燃烧过程中所处位置可分为(　　)。

(A)燃烧前脱硫　　(B)燃烧中脱硫　　(C)脱硫塔脱硫　　(D)燃烧后脱硫

65. 根据脱硫产物的用途,脱硫工艺可分为(　　)。

(A)化学法　　(B)吸附法　　(C)抛弃法　　(D)回收法

66. 物理吸附是由于分子间范德华力引起的,它可以(　　)。

(A)重点吸附　(B)单层吸附　(C)弱点吸附　(D)多层吸附

67. 目前保持吸收塔浆液池内的浆液不沉淀有(　　)。

(A)脉冲悬浮　(B)磁力悬浮　(C)化学搅拌　(D)机械搅拌

68. 湿法脱硫工艺的主要缺点是(　　)。

(A)脱硫率低　(B)烟气温度低

(C)不可避免产生腐蚀　(D)不易扩散

69. pH 值测量传感器有(　　)形式。

(A)浸入式　(B)流通式　(C)直接插入式　(D)分体式

70. 水排放是减少吸收塔浆液的(　　)。

(A)氯化物　(B)氟化物　(C)氯离子　(D)铵离子

71. 水泵按其工作时产生的压力大小,可分为(　　)。

(A)高压泵　(B)中压泵　(C)低压泵　(D)柱塞泵

72. 离心泵的大修按程序来讲,就是(　　)三大步骤。

(A)调试　(B)拆卸　(C)检查并修复　(D)回装

73. 烟气换热系统有(　　)两种。

(A)蓄热式　(B)储能式　(C)非蓄热式　(D)非储能式

74. 孔和轴的配合种类可分为(　　)三种。

(A)滑动配合　(B)过盈配合　(C)间隙配合　(D)过渡配合

75. 滚动轴承一般不用于(　　)。

(A)径向力　(B)轴向力　(C)部分轴向力　(D)部分径向力

76. 检修的种类分为(　　)。

(A)计划检修　(B)突击检修　(C)维护检修　(D)事故检修

77. 滚动轴承按滚动体形状可分为(　　)。

(A)椭圆式　(B)圆柱式　(C)机械式　(D)圆珠式

78. 阀门的阀芯、阀座研磨工艺有(　　)。

(A)粗磨　(B)细磨　(C)油磨　(D)精磨

79. 根据吸收剂及脱硫产物在脱硫过程中的干湿状态将脱硫技术分为(　　)。

(A)湿法　(B)干法　(C)半干法　(D)半湿法

80. 刮削原始平板的正确方法有(　　)两种刮削的方法。

(A)正研　(B)反研　(C)对角研　(D)冲角研

81. 盘根应尽量保存在(　　)的地方。

(A)温度高　(B)温度低　(C)湿度大　(D)湿度小

82. 轴流泵输送液体的特点是(　　)。

(A)流量大　(B)扬程高　(C)流量小　(D)扬程低

83. 联轴器是用来连接两根轴,并传递(　　)作用的装置。

(A)机械能　(B)运动　(C)扭矩　(D)动能

84. 汽蚀会使水泵产生振动和(　　)。

(A)噪声　(B)流量　(C)扬程　(D)效率下降

85. (　　)都是支撑轴的部件,在机械设备中起重要的作用。

(A)轴 (B)轴承 (C)轴瓦 (D)轴座

86. 烧结过程排出的烟气会对大气造成严重污染,其主要污染物是烟尘和( )。

(A)氮氧化物 (B)二氧化硫 (C)一氧化碳 (D)二氧化碳

87. 按照烟气和循环浆液在吸收塔内的相对流向,可将吸收塔分为( )。

(A)填料塔 (B)顺流塔 (C)逆流塔 (D)托盘塔

88. 设备维修工作的基本“三化”是( )。

(A)规范化 (B)工艺化 (C)模块化 (D)制度化

89. 液体静压力有( )特性。

(A)液体静压力的方向和作用面垂直,并指向作用面

(B)液体静压力的方向和作用面水平,并指向作用面

(C)液体内部任一点的各个方向的液体静压力均相等

(D)液体内部任一点的各个方向的液体静压力均不相等

90. 影响电除尘器效率的因素主要有:( )、粉尘比电阻、漏风。

(A)烟气温度 (B)烟气流速 (C)烟尘浓度 (D)气流分布

91. 对中小面积轻度烧伤,不可用( )处理。

(A)抹酱油 (B)抹食用油 (C)抹醋 (D)冷水冲洗

92. 电流对人体的伤害形式主要有( )两种。

(A)电击 (B)电伤 (C)烧伤 (D)砸伤

93. 对设备操作人员的“三好”要求包括( )。

(A)维护好设备 (B)管理好设备 (C)使用好设备 (D)养修好设备

94. 设备润滑“五定”是指定点、( )、定人。

(A)定量 (B)定质 (C)定设备 (D)定时

95. 正确( ),工作才有安全保障。

(A)穿戴劳动保护用品 (B)使用安全防护器具

(C)穿戴安全保护用品 (D)使用劳动防护器具

96. ( )是职业纪律。

(A)遵守法律 (B)执行制度 (C)严格程序 (D)规范操作

97. 一张能清楚完整表达( )的图样叫零件图。

(A)零件尺寸 (B)零件形状大小 (C)技术要求 (D)实际需要

98. 不具备承压部件的连接形式是( )。

(A)焊接 (B)锻接 (C)铰接 (D)铆接

99. 对于密封性能要求高,需要更换、拆卸的部件,宜采用( )连接形式。

(A)法兰 (B)螺纹 (C)焊接 (D)铆接

四、判 断 题

1. 水垢和烟灰热传导率都很高。( )

2. 给水进入锅炉时应尽量集中一处,避免分散进入。( )

3. 主蒸汽管中经常使用的是闸阀,而配置截止阀为旁路阀。( )

4. 水垢会给锅炉安全运行带来很大的危害,主要原因是由于水垢的导热性很差。( )

5. 灰垢和灰渣的化学成分相同。(　　)
6. 二类环保区域其烟尘浓度排放标准是 300 mg/m^3。(　　)
7. 一类环保区域其烟尘浓度排放标准不超过 150 mg/m^3。(　　)
8. 除尘器按作用原理可分为两类。(　　)
9. 二类环保区域,烟尘中二氧化硫排放标准不得超过 1 200 mg/m^3。(　　)
10. 选用除尘器时,其压力损失可以不考虑。(　　)
11. 重力除尘器是靠烟尘自重达到分离除尘目的的。(　　)
12. 水膜除尘器是靠水的冲刷达到分离除尘目的的。(　　)
13. 旋风除尘器是靠离心力和惯性达到除尘目的的。(　　)
14. 我国大气污染的类型是沙尘暴造成的。(　　)
15. 静电除尘是依靠高电压去分离达到除尘的目的。(　　)
16. 烟尘排放浓度最大的锅炉是沸腾炉。(　　)
17. 煤质好坏对锅炉排放浓度影响不大。(　　)
18. 煤的灰分大小与烟尘浓度成正比关系。(　　)
19. 煤的粒度大小与烟尘浓度成反比关系。(　　)
20. 影响锅炉排尘浓度的主要因素只有一个。(　　)
21. 泡沫脱硫除尘器是属于干式除尘器。(　　)
22. 烟尘是煤燃烧后的必然产物。(　　)
23. 叶片泵是靠叶片作用提升液体的。(　　)
24. 常用水泵按构造一般分为两类。(　　)
25. 利用活塞的往复运行输送液体的泵叫离心泵。(　　)
26. 在单位时间内能排出液体的数量叫泵的流量。(　　)
27. 单位质量的液体通过泵后能被提升的高度叫转速。(　　)
28. 泵轴在单位时间内旋转的次数叫泵的扬程。(　　)
29. 泵在运转过程中消耗的能量损失叫有效功率。(　　)
30. 轴功率即是泵的使用功率。(　　)
31. 泵体是离心泵主要泵件之一。(　　)
32. 轴封装置是保证泵运行中不泄漏液体。(　　)
33. 填料密封就是机械密封。(　　)
34. 电机传给泵体的功率叫轴功率。(　　)
35. 离心泵主要靠泵轴来泵液体的。(　　)
36. 汽蚀会破坏离心泵的正常运行工作。(　　)
37. 容积泵就是靠容积的变化输送液体的。(　　)
38. 叶片泵就是靠工作叶轮旋转运动来输送液体的。(　　)
39. 多级泵就是在一个泵轴上串有多个叶轮。(　　)
40. 低压泵是工作压力小于 0.4 MPa 的泵。(　　)
41. 中压泵是工作压力大于 0.5 MPa 的泵。(　　)
42. 齿轮泵是靠两个齿轮啮合工作完成液体输送。(　　)
43. 往复泵是靠活塞的往复运动输送液体。(　　)

44. 活塞泵是靠活塞的上下运动输送液体。(　　)

45. 滚动轴承由内圈、外圈、滚动体和保持架构成。(　　)

46. 泵的工作是由电动机直接带动叶轮旋转的。(　　)

47. 泵与原动机是由联轴器相连在一起的。(　　)

48. 卧式泵的泵轴是按垂直水平轴线设计安装的。(　　)

49. 立式泵的泵轴是按水平位置设计安装的。(　　)

50. 如果检修的管段上没有法兰盘而需要用气割或电焊等方法进行检修时,应开启该管段上的疏水门,证实内部确无压力或存水后,方可进行气割或焊接工作。(　　)

51. 加装盘根时,应选择规格大小合适的盘根,绕成螺旋形一次加入。(　　)

52. 合像水平仪与框式水平仪相比,前者具有测量范围大和精度高等优点。(　　)

53. 生产人员技术等级考试、考核,除必须通过应知、应会考试外,还要进行工作表现考核,三者实行"一票否决"。(　　)

54. 零件表面凹凸不平的几何形状特性,称为表面粗糙度。(　　)

55. 油箱油位过低是轴承温度高的原因之一。(　　)

56. 事故检修是消除不属于计划之内的突发事故。(　　)

57. 不断向吸收塔浆液池中鼓入空气是为了防止浆液池中的固体颗粒物沉淀。(　　)

58. 小修的主要目的是以消除一般缺陷为主。(　　)

59. 当大气中二氧化硫含量超过 3.5 mg/m^3时,会危害人体健康。(　　)

60. 所有阀门都属于截断类阀门。(　　)

61. 常温阀门是指工作温度在室温情况下的阀门。(　　)

62. 高温阀门的工作温度在450℃以上。(　　)

63. 疏水阀应属于截断类阀门。(　　)

64. 真空阀的工作压力高于标准大气压力。(　　)

65. 节流阀和调节阀是调节类阀门。(　　)

66. 锅炉上用的泡沫板脱硫除尘器是湿式除尘器。(　　)

67. 现在锅炉上用的脱硫除尘器处理烟气数量为1 000 m^3/h。(　　)

68. 氧化风机启动时,应检查油箱油位在油位计的2/3处。(　　)

69. 氧化空气中加入工艺冷却水使氧化空气冷却增湿的目的是防止氧化空气喷口结垢。(　　)

70. 潜水泵的叶轮是半开式结构设计。(　　)

71. 循环泵的轴封是采用机械密封装置。(　　)

72. pH 值表示稀酸的浓度,pH 值越大,酸性越强。(　　)

73. 除尘器运行工况对其后的脱硫系统的运行工况影响不大。(　　)

74. 溶液的 pH 值越高,越容易对金属造成腐蚀。(　　)

75. 脱硫后净烟气通过烟囱排入大气时,有时会产生冒白烟的现象。这是由于烟气中还含有大量未除去的二氧化硫。(　　)

76. 石灰石品质对 FGD 的脱硫效率有一定的影响。(　　)

77. 氧化风机出力不足会造成脱硫效率下降。(　　)

78. 标准状态指烟气在温度为273.15K,压力为101 325 Pa时的状态。(　　)

79. 脱硫系统中所需的浆液循环泵数量主要取决于烟气中二氧化硫的含量和烟气量。( )

80. 启动氧化风机前必须关闭出口门。( )

81. 吸收塔内温度降低时,有利于SO_2的吸收。( )

82. 氧化空气中加入工艺冷却水使氧化空气冷却增湿的目的是为了防止氧化空气层中结垢。( )

83. 管道连接不可以强行对口。( )

84. 水泵校中心时,在调整底部脚下垫片时不能将手伸入。( )

85. 离心泵在更换滚动轴承时,轴承精度等级越高使用效果越好。( )

86. 有氧化配气管的喷嘴鼓泡应均匀,管道无振动。( )

87. 经过脱硫的锅炉排烟温度越低越好。( )

88. 脱硫系统中的工艺水中即使含有杂质也不会影响系统的正常运行。( )

89. 烟气流量增大会造成系统脱硫效率下降。( )

90. 小型水泵的轴向推力可以由滚动轴承来承受一部分。( )

91. SO_2的排放浓度是由二氧化硫连续在线监测仪在烟囱入口处对烟气中SO_2浓度检测的数值,仪器直接测量的含量是以pm或mg/m^3表示的。( )

92. 在运行过程中,发现泵油位较低,可直接打开加油孔旋塞进行加油。( )

93. 烟气中的二氧化硫在吸收塔中与氨进行反应。( )

94. 脱硫烟气系统一般都设有旁路烟道,以保证烧结系统的安全运行。( )

95. 为保证管道法兰密封面的严密,垫片用钢的硬度应比法兰的低。( )

96. 滚动轴承发出异声时,可能是轴承已损坏。( )

97. 计划检修是有计划安排好的检修,有大修、中修和小修。( )

98. 滚动轴承一般都用于小型离心泵上。( )

99. 水泵检修工工序一般包括:拆卸、检查、测量、修理或更换以及组装。对上述工序的主要质量要求是保证水泵转子的晃度和动、静各部分的配合间隙。( )

100. 烟气流量增大会造成系统脱硫效率下降。( )

101. 脱硫后净烟气通过烟囱排入大气时,有时会产生冒白烟的现象。这是由于烟气中还含有大量未除去的二氧化硫。( )

102. 水泵流量与效率成正比。( )

103. 离心泵的效率在50%左右。( )

104. 水泵的实际扬程总是比理论扬程大。( )

105. 改变管道阻力特性的常用方法是节流法。( )

106. 三视图的投影规律是:主视图与俯视图长对正,主视图与左视图高平齐,俯视图与左视图宽相等。( )

107. 高处作业向下抛扔物件时,应看清下面无人行走或站立。( )

108. 降低泵的出口压头用车小叶轮直径的方法即可达到。( )

109. 水泵发生汽蚀时,会产生异声。( )

110. 脱硫设备检修,需要断开电源时,在已拉开的开关、刀闸和检修设备控制开关的操作把手上悬挂“禁止合闸,有人工作”警告牌即可。( )

111. 大修后脱硫系统启动前,脱硫系统联锁保护装置因为检修已经调好,运行人员可不再进行校验。(　　)

112. 脱硫系统大小修后,必须经过分段验收,分部试运行,整体转动试验合格后方能启动。(　　)

113. 内径千分尺也叫螺旋测微器,其测量精度为 0.01 mm。(　　)

114. 水泵叶轮密封环间隙一般都大于轴瓦顶部间隙。(　　)

115. 泵轴的热校直通常是加热泵轴弯曲的最高点来实现的。(　　)

116. 在日常生活中选用锯条时应根据材料的软硬程度及材料断面的大小来确定。(　　)

117. 当水泵的流量为零时,那么泵的扬程和轴功率也为零。(　　)

118. 游标卡尺与内径千分尺的测量精度相同。(　　)

119. 管道弹簧吊架通常用于自然补偿具有复杂位移的管道。(　　)

120. 带表针游标卡尺其表针旋转一周其测量值增加 1 mm。(　　)

121. 泵用机械密封安装时,弹簧压缩量越大密封效果越好。(　　)

122. 消除管道振动的有效措施之一是,在管道适当的位置设置固定支架、导向支架、滑动支架或限位装置,必要时设置减振器或阻尼器。(　　)

123. 水泵吸入室的作用是将进水管中的液体以最小的损失均匀地引向叶轮。(　　)

124. 水泵采用滚动轴承的特点是轴承间隙小,能保证轴的对中性,摩擦力小,尺寸小,维修方便。(　　)

125. 水泵检修时,机械密封拆修总比不拆好。(　　)

126. 在每次大、小修期间,都应对管道支吊架进行一次检查,发现问题及时处理。(　　)

127. 离心式水泵的叶轮叶片形式大多数采用后弯式。(　　)

128. 局部视图的断裂边界一般以波浪线表示。(　　)

129. 机件向基本投影面投影所得的图形称为基本视图,共有六个基本视图。(　　)

130. 金属材料的剖面符号是与水平成45°的互相平行间隔均匀的粗实线。(　　)

131. 液体的流动阻力一般分为沿程阻力和局部阻力两种。(　　)

132. 阀可作为隔离阀门。(　　)

133. 使用划针和钢板尺划线时,划针与工件表面垂直状况划线最佳。(　　)

134. 纹规是用来测量螺栓螺纹导程的。(　　)

135. 牙螺纹比细牙螺纹的自锁性好。(　　)

136. 操作砂轮机时人员应站在其正面。(　　)

137. 泵是把原动机的机械能或其他能源的能量传递给流体,以实现流体输送的机械设备。(　　)

138. 利用液体随叶轮旋转时产生的离心力来工作的水泵称为离心泵。(　　)

139. 泵的输出功率(有效功率)与输入功率(轴功率)之比,称为泵的效率。(　　)

140. 泵的流量是指单位时间内水泵供出的液体数量。(　　)

141. 泵轴每分钟的转数就是泵的转速。(　　)

142. 机械密封是一种限制工作流体沿轴窜出的非填料性端面密封装置。(　　)

143. 固定支架一般是管道膨胀的死点。(　　)

144. 为了保证管道在管线方向上滑动时不至偏移轴线而装设的支架就是管道的导向支架。(   )

145. 为了保证管道在悬挂吊点所在水平面上自由移动而装设的吊架就是管道的普通吊架。(   )

146. 为了提高钢的硬度,可采用回火处理以改变钢的内部组织结构。(   )

147. 泵壳的作用一方面是把叶轮给予流体的动能转化为压力能,另一方面是导流。(   )

148. 离心泵轴封装置的作用是在泵轴伸出泵壳的部位,密封转子和泵壳之间的间隙。(   )

149. 检修特殊项目主要是指技术复杂、工作量大、工期长、耗用器材多和费用高的项目。(   )

150. 检修记录应做到正确完整,通过检修核实来确定需要补充的备品配件。(   )

151. 新设备运进现场时应考虑单件重量、起吊、运输方法等,以及运吊过程中可能出现的问题。(   )

152. 进行某设备的安装与调试工作,必须熟悉该设备的检修工艺标准。(   )

153. 水泵检修工要求轴表面光洁、无缺损,键槽和键不松动,两端螺纹无翻牙,轴径无损伤及变形。(   )

154. 常用热膨胀补偿器有Π形(Ω形)弯曲补偿器、波形补偿器和套筒式补偿器。(   )

155. 孔轴公差带是由基本偏差与标准公差值组成。(   )

156. 单位体积所具有的质量称为流体重度。(   )

157. 物体按导电的能力可分为固体、液体和气体三大类。(   )

158. 配合的种类有间隙配合、过渡配合、过盈配合。(   )

159. 油隔离泵由往复式活塞泵、油隔离系统和排料阀箱等部分组成。(   )

160. 把公称尺寸相同的轴和孔装在一起叫配合,孔的实际尺寸大于轴的实际尺寸,是动配合,也称间隙配合。(   )

161. 对新安装的管道及其附件的严密性进行水压试验时,试验压力应等于管道工作时的压力。(   )

162. 滚动轴承外圈与轴承盖径向间隙,是为了使轴承能够转动。(   )

五、简 答 题

1. 简述除尘循环泵(渣浆泵)的结构特点。
2. 什么是保护电器?
3. 循环泵运行中都有哪些要求?
4. 常用的测量仪表有哪些种类?
5. 高压轴封冷却水泵的水源是从哪里引来?
6. 除尘器有哪几种类型?
7. 电气设备高、低压如何分类?
8. 引起离心泵出水量不足或中断的原因有哪些?
9. 什么叫水击(水锤)?

10. 什么叫喘振?
11. 水击的危害有哪些?
12. 阀门为什么要设置填料函?
13. 低压电动机的保护元件有几种?
14. 如何进行离心泵的停止操作?
15. 二类区域环境要求消烟除尘质量标准有哪些?
16. 烟尘的危害是什么?
17. 消烟除尘的方法主要有哪些?
18. 除尘设备常用的有哪些?
19. 机械力除尘器常用的有几种?
20. 洗涤除尘器有几种?
21. 什么是除尘器效率?
22. 旋风除尘器的原理是什么?
23. 什么叫泵?
24. 常用泵分几类?
25. 常用的烟气冷却方法有哪几种?
26. 沉淀池运行到什么程度时进行倒池?
27. 脱硫设备对防腐材料的要求是什么?
28. 引起非金属材料发生物理腐蚀破坏的因素主要有哪些?
29. 什么是电化学腐蚀?
30. 风机转子振动的机械性原因有哪些?
31. 简述离心泵的工作原理。
32. 循环泵前置滤网的主要作用是什么?
33. 泵的定义是什么?
34. 何为泵的允许汽蚀余量?
35. 何为泵的轴功率?
36. 何为泵的效率?
37. 何为泵的工况点?
38. 什么是大气污染?
39. 简述大气中 SO_2 沉降途径及危害。
40. 简述二氧化硫的物理及化学性质。
41. 什么是酸雨?
42. 二氧化硫对人体、生物和物品的危害有哪些?
43. 什么是烟气的标准状态?
44. 吸附过程可以分为哪几步?
45. 高烟囱排放的好处是什么?
46. 常用的脱硫工艺有哪几种?
47. 按脱硫剂的种类划分,FGD 技术可分为哪几种?
48. 泵的基本性能曲线是什么?

49. 什么是湿法烟气脱硫?
50. 金属材料都包括哪些?
51. 除尘水泵及设备常用的是哪些金属材料?
52. 影响旋风除尘器效率的因素有哪些?
53. 除尘值班人员交接班履行交接程序应注意哪些事项?
54. 除尘水泵的作用有哪些?
55. 除尘工主要负责的工作内容有哪些?
56. 什么是环境管理体系?
57. 简述识读装配图的方法与步骤。
58. 循环水泵运行中发现压力波动大出水量小如何处理?
59. 金属的力学性能和工艺性能有哪些?
60. 什么叫联轴器?循环泵使用哪种联轴器?
61. 什么叫全面质量管理?
62. 什么叫锅炉?
63. 麻石水膜除尘器运行前应进行哪些检查?
64. 二类环保区域锅炉烟尘排放有哪些规定?
65. 什么叫零件图?
66. 什么叫装配图?
67. 采用脱硫循环池连续换水时如遇到补水压力降低保不住水位时怎么办?
68. 什么是自动调节?
69. 什么是流体的密度、膨胀性?
70. 什么是流体的重度、粘滞性?

六、综 合 题

1. 某厂烟道测量时,测得的平均流速为 15.8 m/s,烟道截面积为 1.2 m^2,求该厂每小时排气量?

2. 已知空气中二氧化硫的浓度为 2.0 ppm,换算成标准状态下的二氧化硫浓度。

3. 已知 56FB—150 泵的流量为 49.3 L/s,扬程为 48 m,轴功率为 55 kW,求该泵的效率?

4. 已知清水泵出口管外周长为 280 mm,试求其管径为多大?(保留整数)

5. 已知一个蓄水池长 7 m,宽 3 m,深度 4.5 m,试求其最多能装多少吨水?(水的密度按 1 000 kg/m^3 计算)

6. 某泵轴功率 $P=80$ kW,有效功率为 $Pe=40$ kW,试求泵的效率 η?

7. 某泵的出口绝对压力为 0.58 MPa,求其表压力?

8. 沉淀池运行中如何监控调整?

9. 气体吸收是什么?

10. 泡沫板脱硫除尘器启动前应做哪些工作?

11. 表达物体的基本视图有几个?

12. 除尘设备运行工的岗位职责要求有哪些?

13. 当除尘器运行少时,如何调整除尘器水量和水压?

14. 对喷淋多管除尘器运行水压如何控制调整?
15. 循环水泵发生振动和噪声时如何处理?
16. 维护二氧化硫烟气排放连续监测系统(CEMS)需要定期做哪些工作?
17. 除尘值班员接班前应检查哪些内容?
18. 为什么要定期切换备用设备?
19. 试述水泵启动后不打水的原因。
20. 简述离心泵的工作原理。
21. 提高离心泵抗汽蚀性能的措施有哪些?
22. 试述处理离心泵轴承温度升高的操作步骤。
23. 热工信号和自动保护装置的作用是什么?
24. 水泵在工作时应对其做哪些检查?
25. 润滑油应符合哪些基本要求?
26. 试述水泵漏水问题其可能产生的原因及排除方法。
27. 巡检中发现脱硫循环池水位不稳时应如何调整?
28. 为什么闸阀不宜节流运行?
29. 为什么水泵会发生汽化?
30. 什么是泵的扬程?
31. 离心式灰渣泵的转速为何比同扬程的清水泵转速低、直径大?
32. 试述大气中 SO_2 沉降途径及危害。
33. 为什么金属机壳上要装接地线?

除尘设备运行工(初级工)答案

一、填 空 题

1. 煤	2. 可燃	3. 固态	4. 黑烟
5. 烟尘	6. 尘	7. 煤粒	8. 10
9. 飘尘	10. 3.5	11. 100	12. 1 000
13. 10 000	14. 米	15. 转/min	
16. 立方米/小时(m^3/h)		17. MPa	18. 1
19. 摩擦力	20. 两轴相交	21. 人体	22. 投入切削
23. 公差	24. 极限尺寸	25. 基本尺寸	26. 实际尺寸
27. 标准公差	28. 基本偏差	29. 20	30. 28
31. 间隙	32. 过盈	33. 2	34. 内力
35. 大气压	36. 标准状态下	37. 表压力	38. 冷热程度
39. 锅炉	40. 3	41. 作用面	42. 低
43. 降低	44. 3	45. 7天	46. 降低
47. 略有下降	48. 电压	49. 流体	50. 压力
51. 压强	52. 碳黑	53. 二	54. 流量
55. 离心泵	56. 扬程	57. 转速	58. 功率
59. 有效功率	60. H	61. h	62. 6
63. 液体	64. 电荷	65. 孔	66. 左视图
67. 电流	68. 脱硫	69. 旁路挡板门	70. 0.6 MPa
71. 1.02～1.05	72. 4	73. 粒度	74. 90％
75. 稳恒直流电流	76. 交流	77. 电压	78. 指向
79. 尺寸准确	80. 有效功率	81. 轴功率	82. 关至最小
83. 碱性	84. 机械搅拌	85. 防冻	86. 强制手动打开
87. 50％	88. 含有大量二氧化硫	79. 三联箱	90. 10
91. 降低	92. 效率	93. 轴	94. 三
95. 二	96. 泵轴	97. 二	98. 机械密封
99. 支撑	100. 离心力	101. 汽蚀	102. 振动
103. 泵	104. 振动与噪声	105. 容积泵	106. 叶片泵
107. 立即停泵检查	108. 立即停泵	109. 80	110. 15
111. 吸收塔剩余浆液	112. SO_2的浓度	113. 紧急停运脱硫系统	
114. 会维护	115. 目的	116. 全面质量管理	117. 劳动
118. 除尘效率	119. 定质	120. 重度	121. 60％～80％

122. 1	123. 降低	124. 8	125. 1 110～1 130
126. 确保	127. 安全生产	128. 技能	129. 证
130. 安全管理	131. 环境因素	132. 环境管理	133. 排放浓度
134. 120	135. 外螺纹	136. 减少磨损	137. 密度
138. 30℃	139. 三	140. 15°	141. 硬度低
142. 万分之十	143. 含碳量	144. 应力	145. 焊缝少
146. 粗糙	147. 铭牌规定	148. 永久变形	149. 0.9
150. 30	151. 1次方	152. 2次方	153. 0.075 m^3/s
154. 影响较小	155. 煤种	156. 浓度	157. 介质压力
158. 4～6	159. 密封	160. 联轴器连接	161. 工作特性
162. 小于0.8%	163. 电动锁气器		

二、单项选择题

1. A	2. A	3. B	4. C	5. A	6. B	7. D	8. B	9. A
10. B	11. B	12. B	13. C	14. B	15. A	16. C	17. A	18. B
19. C	20. B	21. A	22. B	23. A	24. D	25. C	26. B	27. C
28. A	29. B	30. D	31. B	32. C	33. A	34. B	35. D	36. A
37. B	38. B	39. B	40. B	41. C	42. C	43. B	44. C	45. B
46. C	47. B	48. C	49. A	50. A	51. C	52. C	53. C	54. C
55. B	56. A	57. A	58. A	59. B	60. C	61. B	62. B	63. D
64. D	65. C	66. B	67. C	68. A	69. B	70. A	71. B	72. A
73. A	74. D	75. B	76. B	77. B	78. B	79. B	80. A	81. B
82. D	83. C	84. A	85. B	86. B	87. C	88. C	89. C	90. D
91. C	92. C	93. C	94. C	95. B	96. A	97. B	98. A	99. B
100. A	101. A	102. C	103. A	104. B	105. A	106. B	107. A	108. B
109. D	110. B	111. B	112. A	113. C	114. B	115. D	116. C	117. D
118. C	119. A	120. D	121. B	122. C	123. D	124. B	125. C	126. C
127. A	128. A	129. C	130. B	131. C	132. B	133. B	134. A	135. B
136. A	137. B	138. C	139. C	140. D	141. A	142. A	143. C	144. B
145. C	146. B	147. A	148. B	149. C	150. C	151. A	152. B	153. C
154. A	155. A	156. B	157. C	158. C	159. A	160. A	161. C	162. C
163. D	164. B							

三、多项选择题

1. AD	2. ACD	3. AC	4. AB	5. BD	6. ABC	7. AB
8. CD	9. CD	10. ACD	11. ACD	12. BCD	13. AC	14. AB
15. ABD	16. AB	17. AC	18. BCD	19. AB	20. ACD	21. BCD
22. AB	23. ACD	24. ABCD	25. AC	26. BCD	27. ABCD	28. AB
29. BC	30. AD	31. BCD	32. ACD	33. ABC	34. ACD	35. ABD

36. ABCD　37. ABC　38. CD　39. AB　40. ABC　41. AB　42. ACD
43. ABCD　44. BC　45. AD　46. AC　47. AB　48. ABC　49. ABD
50. CD　51. AB　52. AC　53. ABCD　54. AD　55. ACD　56. BC
57. AC　58. ABD　59. ABD　60. BC　61. BCD　62. BC　63. ABCD
64. ABD　65. CD　66. BD　67. AD　68. BCD　69. ABC　70. BC
71. ABC　72. BCD　73. AC　74. BCD　75. BC　76. ACD　77. BD
78. ABD　79. ABCD　80. AC　81. BD　82. AD　83. BC　84. ABCD
85. BC　86. AB　87. BC　88. ABD　89. AD　90. ABCD　91. ABC
92. AB　93. BCD　94. ABD　95. AB　96. ABCD　97. BC　98. BCD
99. ABD

四、判 断 题

1. ×　2. ×　3. √　4. √　5. ×　6. ×　7. √　8. √　9. √
10. ×　11. √　12. ×　13. √　14. ×　15. ×　16. √　17. ×　18. √
19. ×　20. ×　21. ×　22. √　23. √　24. √　25. ×　26. √　27. √
28. ×　29. ×　30. ×　31. √　32. √　33. ×　34. √　35. ×　36. √
37. √　38. √　39. √　40. ×　41. ×　42. √　43. √　44. ×　45. √
46. ×　47. √　48. ×　49. ×　50. √　51. ×　52. √　53. √　54. ×
55. √　56. √　57. ×　58. √　59. √　60. ×　61. ×　62. √　63. ×
64. ×　65. √　66. √　67. ×　68. √　69. √　70. ×　71. √　72. ×
73. ×　74. ×　75. ×　76. √　77. √　78. √　79. √　80. ×　81. √
82. √　83. √　84. √　85. ×　86. √　87. ×　88. ×　89. √　90. √
91. √　92. ×　93. √　94. √　95. √　96. √　97. ×　98. √　99. √
100. √　101. ×　102. √　103. ×　104. ×　105. √　106. √　107. ×　108. √
109. √　110. ×　111. ×　112. √　113. √　114. √　115. √　116. √　117. ×
118. ×　119. √　120. ×　121. ×　122. √　123. √　124. √　125. ×　126. √
127. √　128. √　129. √　130. ×　131. √　132. ×　133. √　134. ×　135. ×
136. ×　137. √　138. √　139. √　140. √　141. √　142. √　143. √　144. √
145. √　146. ×　147. √　148. √　149. √　150. √　151. √　152. √　153. √
154. √　155. ×　156. ×　157. ×　158. √　159. √　160. √　161. ×　162. ×

五、简 答 题

1. 答:渣浆泵是双泵壳结构,泵体泵盖带有可更换的内衬,轴封装置采用机械密封(5 分)。

2. 答:保护电器是在线路短路、超载运行或电压降到允许值以下时,能自动切断电源,对人身、电器装置、机械设备起到保护作用的电器(3 分)。例如各种熔断器、电磁式过流继电器和热继电器等(2 分)。

3. 答:(1)循环泵(渣浆泵)启动前要先打开轴封水阀通轴封水,待水压正常后即可起泵运行(2 分);(2)起泵后要随时监控调整出水压力及轴封水压,轴封水压要大于泵的出水压力 0.1 MPa 以上,出水压力完全稳定在一定数值才算正常(3 分)。

4. 答:有温度仪表、压力仪表、流量仪表、气体分析仪表等常用测量仪表(5 分)。

5. 答:高压轴封冷却水源来自于水处理的水(5 分)。

6. 答:按工作原理可分为机械式除尘器和电气式除尘器。在机械式除尘器中又根据是否用水可分为干式和湿式两种(5 分)。

7. 答:电气设备分高、低压两种,设备对地电压在 250 V 以上者为高压,设备对地电压在 250 V 及以下者为低压(5 分)。

8. 答:用户用水量减小、出口门自动关小、入口滤网堵塞、密封环磨损造成内部泄漏过大、出入口门的门芯脱落、水泵叶轮结垢或堵塞(5 分)。

9. 答:液体流动速度突然改变,引起管道中压力产生反复的、急剧的变化,这种现象称为水击(或水锤)(5 分)。

10. 答:当泵在不稳定区工作时,所产生的压力和流量的脉动现象,称为喘振(5 分)。

11. 答:使管壁材料及管道上的设备受到很大的压力产生严重的变形以致破坏(2 分);发出强烈的振动和噪声(1 分);使金属表面损坏,打击出许多麻点,增大了流动阻力(2 分)。

12. 答:为了防止介质通过阀杆与阀盖之间的间隙渗漏出来,需在该间隙内装入填料进行密封,这种填料密封结构又叫填料函(5 分)。

13. 答:有两种(1 分),一种是熔断器(2 分),另一种是热继电器(2 分)。

14. 答:停泵前将泵的出口门逐渐关小直至全关,然后断开电源开关(2 分)。将轴封水管和冷却水管的入口门关闭(1 分)。在冬季应将管道内的水放净(2 分)。

15. 答:一是烟尘浓度不得超过 250 mg/m^3(2 分);二是二氧化硫浓度不得超过 1 800 mg/m^3(2 分);三是烟气的林格曼黑度为 1 级(1 分)。

16. 答:烟尘中对人体最大危害是飘尘(即颗粒小于 10 μm 的尘)(2 分),它是大气中浮游的时间最长的,可达几年,能随人的呼吸进入肺部,能吸附于支气管壁和肺泡壁上,危害人们的身体健康(3 分)。

17. 答:一是掌握煤的特性,加强锅炉运行管理和燃烧调整,保证燃烧质量,降低烟尘排放量(3 分);二是选择不同形式的锅炉及适合的除尘装置(2 分)。

18. 答:除尘设备按作用原理分为四大类(1 分):机械力除尘器、过滤除尘器、洗涤除尘器和电力除尘器(4 分)。

19. 答:常用的有重力除尘器(沉降室)(2 分)、惯性除尘器(1 分)、离心力除尘器(旋风除尘器)(2 分)。

20. 答:常用洗涤除尘器有喷淋洗涤式(2 分)、泡沫板脱硫式(2 分)、麻石水膜式等(1 分)。

21. 答:除尘设备所捕集的尘粒质量与进入除尘设备的尘粒质量之比称除尘效率(4 分)。以符号 η 表示(1 分)。

22. 答:由于烟气切向进入除尘器,在离心力作用下获得旋转运动,灰粒在重力作用下被甩出落入下部出灰口,从而达到除尘目的(5 分)。

23. 答:通常把能给液体提供能量的设备叫泵(5 分)。

24. 答:常用泵大致可分为叶片泵和容积泵两类(5 分)。

25. 答:常用的烟气冷却方法有三种(1 分):

(1)用烟气换热器进行间接冷却(1 分)。

(2)用喷淋水直接冷却(1 分)。

(3)用预洗涤塔除尘、增湿、降温(2分)。

26. 答:沉淀池运行期间应随时查看其水位和灰水比例情况,当灰的比例超过池水(60%以上)时应及时倒池运行(2分),以保证沉淀效率及蓄水池的水质。一般情况下运行沉淀池内灰的比例大于2/3时(2分),即应停止该沉淀池而倒换其他沉淀池运行,否则势必影响沉淀质量及循环水的质量(1分)。

27. 答:(1)所用防腐材质应当耐瞬时高温,在烟道气温下长期工作不老化、龟裂,具有一定的强度和韧性(3分)。(2)采用的材料必须易于传热,不因温度长期波动而起壳或脱落(2分)。

28. 答:(1)腐蚀介质的渗透作用(1分);(2)应力腐蚀(1分);(3)施工质量(1分)。残余应力、介质渗透、施工质量是衬里腐蚀破坏的三个方面,三者互相促进(2分)。

29. 答:是由于不同的金属间电化学势差的不同而产生的腐蚀(3分)。为防止电化学腐蚀,可采用加塑料垫将它们隔离开来,并防止电解液的进入(2分)。

30. 答:(1)转子不平衡(1分)。(2)地脚螺栓松动(1分)。(3)走弯曲(1分)。(4)对轮中心不正(1分)。(5)轴承损坏(0.5分)。(6)轴承间隙过大(0.5分)。

31. 答:当泵叶轮被电动机带动旋转时,充满于叶片之间的介质随同叶轮一起转动,在离心力的作用下,介质从叶片间的横道甩出(2分)。而介质外流造成叶轮入口处形成真空,介质在大气压作用下会自动吸进叶轮补充(2分)。由于离心泵不停地工作,将介质吸进压出,便形成了连续流动,不停地将介质输送出去(1分)。

32. 答:循环泵前置滤网的主要作用是防止塔内沉淀物质吸入泵体造成泵的堵塞或损坏及吸收塔喷嘴的堵塞和损坏(5分)。

33. 答:泵是把原动机的机械能或其他能源的能量传递给流体,以实现流体输送的机械设备(5分)。

34. 答:允许汽蚀余量是为使泵能在不产生汽蚀的工况下运行,泵在运行时,需要规定一个容许的有效汽蚀余量的最小值,称为允许汽蚀余量(5分)。

35. 答:轴功率是由原动机或传动装置传到泵轴上的功率(5分)。

36. 答:泵的输出功率(有效功率)与输入功率(轴功率)之比,称为泵的效率(5分)。

37. 答:泵的工况点是泵的扬程-流量曲线与泵的效率-扬程曲线的交点(5分)。

38. 答:大气污染是指人类活动所产生的污染物超过自然界动态平衡恢复能力时,所出现的破坏生态平衡所导致的公害(5分)。

39. 答:大气中的SO_2沉降途径有两种:干式沉降和湿式沉降(1分)。SO_2干式沉降是SO_2借助重力的作用直接回到地面,对人类的健康、动植物生长以及工农业生产会造成很大危害(2分)。SO_2湿式沉降就是通常说的酸雨,对生态系统、建筑物和人类的健康有很大的危害(2分)。

40. 答:二氧化硫又名亚硫酐,为无色有强烈辛辣刺激味的不燃性气体(1分)。分子相对质量为64.07,密度为2.3 g/L,熔点为−72.7℃,沸点为−10℃。溶于水、甲醇、乙醇、硫酸、醋酸、氯仿和乙醚,易与水混合,生成亚硫酸(H_2SO_3),氧化后转化为硫酸(2分)。在室温及392.266~490.333 kPa(4~5 kgf/cm^2)压强下,二氧化硫为无色流动液体(2分)。

41. 答:酸雨通常是指pH值小于5.6的雨雪或其他形式的降雨(如雾、露、霜等),是一种大气污染现象(3分)。酸雨的酸类物质绝大部分是硫酸和硝酸,它们是由二氧化硫和氮氧化物两种主要物质在大气中经过一系列光化学反应、催化反应后形成的(2分)。

42. 答:(1)排入大气中的二氧化硫往往和飘尘黏合在一起,易被吸入人体内部,引起各种呼吸道疾病(2分)。

(2)直接伤害农作物,造成减产,甚至导致植株完全枯死,颗粒无收(1分)。

(3)在湿度较大的空气中,二氧化硫可以被Mn或Fe_2O_3等催化而变成硫酸烟雾,随雨降到地面,导致土壤酸化(2分)。

43. 答:烟气的标准状态指烟气在温度为273.15K(0℃),压力为101 325 Pa(一个标准大气压)时的状态(5分)。

44. 答:吸附过程可以分为以下三步:

(1)外扩散。吸附质以气流主体穿过颗粒周围气膜扩散至外表面(2分)。

(2)内扩散。吸附质由外表面经微孔扩散至吸附剂微孔表面(2分)。

(3)吸附。到达吸附剂微孔表面的吸附质被吸附(1分)。

45. 答:利用具有一定高度的烟囱,可以将有害烟气排放到远离地面的大气层中,利用自然条件使污染物在大气中弥漫、稀释,大大降低污染物浓度,达到改善污染源附近地区大气环境的目的(5分)。

46. 答:以投入工业应用的烟气脱硫工艺主要有:

(1)石灰石/石灰-石膏湿法烟气脱硫(1分)。

(2)烟气循环流化床脱硫(1分)。

(3)喷雾干燥法脱硫,炉内喷钙尾部烟气增湿活化脱硫(1分)。

(4)海水脱硫(1分)。

(5)电子束脱硫等(1分)。

各种工艺都有各自的应用条件。

47. 答:按脱硫剂的种类,FGD技术可分为以下几种:

(1)以$CaCO_3$石灰石为基础的钙法(1分)。

(2)以MgO为基础的镁法(1分)。

(3)以Na_2SO_3为基础的钠法(1分)。

(4)以NH_3为基础的氨法(1分)。

(5)以有机碱为基础的有机碱法(1分)。

48. 答:在一定的转速下,流量与其他基本性能参数之间的相互内在联系称为泵的基本性能曲线(5分)。

49. 答:湿法烟气脱硫是相对于干法烟气脱硫而言的。无论是吸收剂的投入、吸收反应的过程,脱硫副产物的收集和排放,均以水为介质的脱硫工艺,都称为湿法烟气脱硫(5分)。

50. 答:金属材料又分为黑色金属和有色金属两类,黑色金属有钢、铁,有色金属有铜、铝和铜合金、铝合金、轴承合金等(5分)。

51. 答:水泵部件循环泵多数用不锈钢,一般泵用碳钢,阀门、管道也有不锈钢、碳钢和铸铁等材料(5分)。

52. 答:有烟气进口速度,烟尘的粒度和浓度,旋风子的绝对尺寸以及除尘器内壁的光滑粗糙程度等(5分)。

53. 答:除尘值班人员履行交接程序时必须全体交接人员在场,并全部签字后方为有效交接班(5 分)。

54. 答:除尘水泵是为各湿式除尘器提供足够压力的喷淋、冲洗等循环用水。而循环泵所输送的水也是各除尘器排出的灰水经沉淀分离后的循环水(5 分)。

55. 答:(1)所有湿式除尘器及其附属配套设备、管路、阀门的正常运行、使用及维护(3 分)。

(2)除尘厂房、值班室的安全、卫生(1 分)。

(3)认真执行除尘工运行操作规程(1 分)。

56. 答:环境管理体系是企业全面管理体系的组成部分(2 分),它包括为实施保持环境管理所需的组织机构、策划、活动、职责、操作惯例、程序、过程和资源,还包括用于策划、建立、实施、实现、评审、保持和改进企业的环境方针、目标和指标等管理方面(3 分)。

57. 答:(1)概括了解、弄清表达方法(2 分)。

(2)具体分析,掌握形体结构(1 分)。

(3)分析工作原理和相互关系(1 分)。

(4)归纳总结,获得完整概念(1 分)。

58. 答:首先要查水泵入口是否有空气存在(1 分),吸水池水位(即吸水量)是否充足(1 分),要及时补足水量(1 分),排除入口空气(清水泵要灌水)(1 分),然后再启泵至正常运行(1 分)。

59. 答:金属的力学性能主要包括强度、塑性、硬度、韧性及疲劳强度(2 分)。金属的工艺性能主要包括铸造性能、锻造性能、焊接性能和切削加工性能(3 分)。

60. 答:联轴器是用来连接两根轴,并传递运动和扭矩作用的装置(3 分)。循环泵使用弹性爪型联轴器(2 分)。

61. 答:是指企业为了保证和提高产品质量,综合利用一整套质量管理体系、思想、手段和方法所进行的系统管理活动(5 分)。

62. 答:是利用燃料燃烧所释放出的热量或工业生产中的余热生产蒸汽或热水的一种设备(5 分)。

63. 答:(1)启动前应检查水磨塔、文丘里塔内外观无裂纹,进出口烟道连接完好,保温层无脱落(2 分)。

(2)各上水母管正常,各阀门开关灵活,无泄漏,各压力表经校验合格,指示正确(2 分)。

(3)通水实验各喷嘴完好无堵塞和泄漏,回水槽无杂物(1 分)。

64. 答:二类区域锅炉烟尘排放浓度不得超过 200 mg/m^3(3 分);烟尘中 SO_2 排放浓度不得超过 1 200 mg/m^3(2 分)。

65. 答:零件图是指能清楚完整地表达零件的形状、大小和技术要求,用以指导生产制造零件的图样(5 分)。

66. 答:装配图是指能表达机内或总成的部件的各零件相互位置和装配关系,用以指导装配、安装、使用和维护工作的图样(5 分)。

67. 答:这种情况极容易造成脱硫循环泵空转,因此运行人员要果断关闭排污阀,减少池中水量损失(2 分),同时对各运行除尘器均衡补水,防止个别除尘器补水量大,使循环池水外流,而造成其他除尘器循环池补水量不足(3 分)。

68. 答:在生产过程中,为了保持被调量恒定或在某一规定范围内变动,采用自动化装置来代替运行人员的操作,这个过程叫自动调节(5 分)。

69. 答:液体的密度是单位体积流体所具有的质量(2 分)。膨胀性是指在压力一定时,温度升高引起流体体积增大的现象(3 分)。

70. 答:单位体积流体的重量称为流体的重度(3 分)。流体在流动过程中,流层间产生内摩擦的性质称为流体的粘滞性(2 分)。

六、综合题

1. 解:已知 $v=15.8\ m/s$,$F=1.2\ m^2$(5 分),代入下式得:

$Q=v\times F\times 3\ 600=15.8\times 1.2\times 3\ 600=68\ 256\ m^3/h$(5 分)。

2. 解:$C=64\times 2/22.4=5.7(mg/m^3\cdot 标)$(10 分)。

3. 解:根据已知 $N_{轴}$、H、Q 求出 $N_{有}$。

因为 $N_{有}=PQgH/1\ 000=(1\ 000\times 49.3\times 10^{-3}\times 9.8\times 48)/1\ 000=23.2\ kW$(5 分)

所以效率:$\eta=N_{有}/N_{轴}=23.2/55\times 100\%=42\%$(5 分)

答:该泵的效率是 42%。

4. 解:已知:管的直径×π=周长,即 $L=3.14D$(5 分)。

所以 $D=280/3.14=89(mm)$(5 分)。

答:该管直径为 89 mm。

5. 解:蓄水池体积=长×宽×高=$7\times 3\times 4.5=94.5\ m^3$(5 分)

换算成质量=$94.5\times 1=94.5\ t$(5 分)

答:最多能装运 94.5 t 水。

6. 解:$\eta=P_e/P=40/80=50\%$(10 分)。

7. 答:$P_{表}=P_{绝}-大气压=0.58-0.103=0.477\ MPa$(10 分)。

8. 答:(1)沉淀池灰水水位运行时不能过高(正常应距池顶 0.3~0.4 m),否则会影响进水槽水流速度造成沉积(5 分)。

(2)进水槽及进池闸门处运行中应保证水流通畅,每个运行班应不定期对其进行搅动检查,加速水流流动防止沉积、堵塞(5 分)。

9. 答:气体吸收是溶质从气相传递到液相的相际间传质过程。气体吸收质在单位时间内通过单位面积界面而被吸收剂吸收的量称为吸收速率(3 分)。吸收速率=吸收推动力×吸收系数,吸收系数和吸收阻力互为倒数(3 分)。气体的溶解度是每 100 kg 水中溶解气体的千克数,它与气体和溶剂的性质有关并受温度和压力的影响(2 分)。组分的溶解度与该组分在气相中的分压成正比(2 分)。

10. 答:(1)应通水检查各循环水、冲洗水入口阀,手轮要齐全,开关灵活(2 分)。

(2)检查除尘器各喷淋喷嘴齐全无堵塞,除尘器内无积灰结垢,防腐层无脱落现象(5 分)。

(3)检查循环水母管水量水压是否符合要求,压力表校验合格,显示准确,试水合格(3 分)。

11. 答:物体可分为上下、前后、左右六个面,正对着观察物体(即正投影法),在投影面上可得到六个视图,常用的有三个(3 分)。即主视图:从前向后观察所得视图(2 分)。俯视图:从上向下观察所得视图(2 分)。左视图:从左向右观察所得视图(3 分)。

12. 答:(1)除尘设备运行工应熟知各除尘器设备操作程序,严格按操作规程操作设备

(3分)。

(2)值班期间应对每次现场检查情况认真记录,有问题需处理时,记录问题发现的时间、汇报和处理情况等(3分)。

(3)值班期间要及时了解锅炉运行状态,根据锅炉负荷调整除尘器供水量和水压(2分)。

(4)值班人员要严格履行交接班制度和程序,做好设备的交接管理工作(2分)。

13. 答:当运行除尘器少时,应根据实际情况,适当调整循环水各分母管阀门开度来控制母管压力和各具体运行除尘器分水管的阀门开度控制其适当的给水压力(保证泡沫板除尘器喷淋压力0.12 MPa左右,冲洗压力在0.05 MPa以内为宜)(10分)。

14. 答:由于喷淋多管除尘器为三层喷淋结构装置,供水时要尽力保证上中下三层供水压力均衡才能保证除尘效率(5分)。因此运行中要按现行母管供水压力能力分水管阀门全开水压调至最大量供应并在当值期间定期巡检除尘器供水情况,以保证安全运行(5分)。

15. 答:如果发生振动一要检查吸入管是否有故障如阻力、空气等(2分)。二要检查泵基础地脚等是否振动(2分)。三要检查电机与泵对轮连接是否正常,弹性垫或销是否损坏,轴中心是否偏差等。如发现问题,即刻停泵处理(2分)。泵如果有噪声主要是入口存在空气或阻力过大造成,应停泵查明原因及时排除空气再启泵(4分)。

16. 答:一般应进行以下工作:

(1)至少每三个月更换一次采样探头滤料(2分)。

(2)至少每三个月更换一次净化稀释空气的除湿、材料或按仪器使用说明书的规定定期更换(2分)。

(3)必须使用在有效期内的标准物质(2分)。

(4)必须每天放空空气压缩机内的冷凝水(2分)。

(5)至少每三个月清洗一次隔离烟气与光学探头的玻璃视窗(2分)。

17. 答:应提前15分钟到岗检查下列内容:

(1)循环水泵及清水泵运行情况(包括清水池水位):水泵出口压力、泵体及轴承振动情况,轴承箱油位、油质及温升情况(3分)。

(2)蓄水池水位情况:是否在正常水位范围,水面是否有解析物或其他杂质飘浮,是否有倒灌至清水池现象(3分)。

(3)沉淀池情况:水位是否正常,灰水槽及进池闸门处是否沉积堵塞,拦灰浮标是否在正常位置(2分)。

(4)各除尘器进水压力是否正常,环形喷嘴及出水口处是否有堵塞现象(1分)。

上述内容如发现异常应处理后交接,并如实记录在交接班记录中(1分)。

18. 答:因为定期切换备用设备是使设备经常处于良好状态下运行或备用必不可少的重要条件之一(2分)。运转设备若停运时间过长,会发生电机受潮、绝缘不良、润滑油变质、机械卡涩、阀门锈死等现象,而定期切换备用设备正是为了避免以上情况的发生,对备用设备存在的问题及时清除、维护、保养,保证设备的运转性能(8分)。

19. 答:(1)泵内未灌满水,空气未排净(2分)。(2)吸水管路及表计管路不严密或水封水管堵塞有空气漏入(2分)。(3)吸水管路、叶轮有杂物堵塞(2分)。(4)泵安装高度超过允许值(1分)。(5)水泵转动反向(1分)。(6)泵出口阀体脱落导致不能打开(1分)。(7)水泵转速降低(1分)。

20. 答:当泵叶轮被电动机带动旋转时,充满于叶片之间的介质随同叶轮一起转动,在离心力的作用下,介质从叶片间的横道甩出(4 分)。而介质外流造成叶轮入口处形成真空,介质在大气压作用下会自动吸进叶轮补充(3 分)。由于离心泵不停地工作,将介质吸进压出,便形成了连续流动,不停地将介质输送出去(3 分)。

21. 答:为改善泵的吸入条件,提高泵的抗汽蚀性能,可从增大有效汽蚀余量与减少必需汽蚀余量两个方面采取措施(2 分):

(1)减少吸入管阻力(1 分)。

(2)降低泵安装高度(1 分)。

(3)装设前置泵(1 分)。

(4)装设诱导轮或前置叶轮(1 分)。

(5)首级叶轮采用双吸式叶轮(1 分)。

(6)增大首级叶轮进口直径(1 分)。

(7)增大叶片进口宽度(0.5 分)。

(8)选择适当的叶片数和冲角(0.5 分)。

(9)适当放大叶轮前盖板处的转弯半径(0.5 分)。

(10)采用抗汽蚀材料叶轮(0.5 分)。

22. 答:检查:

(1)油质不良或恶化,油量不足,冷却水不足(2 分)。

(2)油环转动不正常,带油量少(2 分)。

(3)轴瓦间隙太小或安装不正确(1 分)。

处理方法:

(1)及时换油或加油,调整冷却水量(2 分)。

(2)检查原因,油质不良换油,清理轴承(2 分)。

(3)停泵、检修处理(1 分)。

23. 答:热工信号(灯光和音响信号)的作用是在有关热工参数偏离规定范围或出现某些异常情况时,引起运行人员注意(5 分)。自动保护装置的作用是当设备运行工况发生异常或某些参数超过允许值时,发出报警信号,同时进行自动保护动作,避免设备损坏和保证人身安全(5 分)。

24. 答:检查轴承温度和运行是否正常,真空表、压力表、电流表读数是否正常(2 分),泵体是否有振动(2 分),填料工作是否正常(2 分),填料中的水封管供水水质水量是否达到要求,填料的松紧度和温度是否合适,要经常巡视吸水管是否漏气(1 分),进料管是否堵塞(1 分),要注意检查水仓、水池的水量,泵的上水量是否正常,避免抽空和溢流(2 分)。

25. 答:应符合下列要求:

(1)较低的摩擦系数,以减少摩擦面间运动阻力和设备的功率消耗,减少机械摩擦损失,提高设备使用寿命(3 分)。

(2)有良好的吸附及楔入能力,能楔入摩擦面微小的间隙内并牢固地黏附在摩擦表面上(3 分)。

(3)适当的黏度,以便在摩擦面间结聚成油膜,能承受一定的压力而不被挤出(2 分)。

(4)有较高的纯度和抗氧化安定性,以防止机械磨损和腐蚀(2 分)。

26. 答:(1)机械密封磨损;其排除故障的方法:更换(3 分)。

(2)泵体有砂孔或破裂;其排除故障的方法:焊补或更换(3 分)。

(3)密封面不平整;其排除故障的方法:修整(2 分)。

(4)安装螺栓松懈;排除故障的方法:紧固(2 分)。

27. 答:当发现脱硫循环池水位偏低但不影响脱硫循环泵吸水循环运转时,要立即开大补水阀补水尽快提高水位(5 分);如脱硫循环池内水位过低不够脱硫循环泵吸水循环运转时,要立即停止脱硫循环泵运行,同时联系值班领导及炉前班长停炉。待其循环池水位提高并满足运行要求时,方可启动脱硫循环泵继续运行(5 分)。

28. 答:在主蒸汽和主给水管道上,要求流动阻力尽量减少,故往往采用闸阀。闸阀结构简单,流动阻力小,开启、关闭灵活(5 分)。因其密封面易于磨损,一般应处于全开或全闭位置。若作为调节流量或压力时,被节流流体将加剧对其密封结合面的冲刷磨损,致使阀门泄漏,关闭不严(5 分)。

29. 答:水泵在运行中,如果某一局部区域的压力降到流体温度相应的饱和压力以下,或温度超过对应压力下的饱和温度时,液体就汽化(5 分),由此而形成的气泡随着液体的流动被带至高压区域时,又突然凝聚,这样在离心泵内反复地出现液体汽化和凝聚过程,就会导致水泵的汽化故障(5 分)。

30. 答:水泵的扬程是指水泵能够扬水的高度,通常用 H 表示,单位是米(2 分)。离心泵的扬程以叶轮中心线为基准,由两部分组成(2 分)。从水泵叶轮中心线至水源水面的垂直高度,即水泵能把水吸上来的高度,叫做吸水扬程,简称吸程(2 分);从水泵叶轮中心线至出水池水面的垂直高度,即水泵能把水压上去的高度,叫做压水扬程,简称压程(2 分)。水泵扬程=吸水扬程 + 压水扬程。一般而言,铭牌上标示的扬程是指水泵本身所能产生的扬程,它不含管道水流受摩擦阻力而引起的损失扬程(2 分)。

31. 答:灰渣泵输送的是灰渣水浆,叶轮在高速旋转时,与灰渣粒的摩擦就会很严重(5 分),为了减轻磨损故灰渣泵的叶轮转速较低,但转速降低后,泵产生的扬程就会大幅度减小,要保持灰渣泵具有较高的扬程,只有加大其叶轮直径才行(5 分)。

32. 答:大气中的 SO_2 沉降途径有两种:干式沉降和湿式沉降(2 分)。SO_2 干式沉降是 SO_2 借助重力的作用直接回到地面,对人类的健康、动植物生长以及工农业生产会造成很大危害(5 分)。SO_2 湿式沉降就是通常说的酸雨,对生态系统、建筑物和人类的健康也有很大的危害(3 分)。

33. 答:在金属机壳上安装保护地线,是一项安全用电的措施,它可以防止人体触电事故发生(2 分)。当设备内的电线外层绝缘磨损,灯头开关等绝缘外壳破裂,以及电动机绕组漏电等,都会造成该设备的金属外壳带电(2 分)。当外壳的电压超过安全电压时,人体触及后就会危及生命安全(2 分)。如果在金属外壳上接入可靠的地线,就能使机壳与大地保持等电位(即零电位),人体触及后不会发生触电事故,从而保证人身安全(4 分)。

除尘设备运行工(中级工)习题

一、填 空 题

1. 烟尘对(　　)的危害也很大,由于遮光日照减少,影响植物生长。

2. 消烟除尘的目的就是使烟囱不冒(　　),防止大气污染。

3. 消烟是采取一定技术措施来降低烟气的(　　)。

4. 二类环保区域,烟尘浓度排放标准不得超过(　　)mg/m³。

5. 二类环保区域,烟尘中二氧化硫排放标准不得超过(　　)mg/m³。

6. 二类环保区域,烟尘排放黑度为(　　)级林格曼黑度。

7. 掌握(　　)的特性是解决消烟除尘的必要方法之一。

8. 遇有(　　)以上的大风时禁止露天进行起重工作。

9. 复合钙基润滑脂,最高使用温度一般不超过(　　)。

10. 现用除尘器效率较高的是(　　)。

11. 在没有脚手架或者在没有栏杆的脚手架上工作,高度超过(　　)m 时,必须使用安全带,或采取其他可靠的安全措施。

12. 表面粗糙度的高度参数 Ra 表示(　　)。

13. 表面粗糙度的高度参数 Rz 表示(　　)。

14. 表面粗糙度的高度参数 Ry 表示(　　)。

15. 表面粗糙度高度参数用数值表示,单位是(　　)。

16. 安全带在使用前应进行检查,并应(　　)进行静荷重试验。

17. 在梯子上工作时,梯子与地面的夹角为(　　)左右,工作人员必须登在距梯顶不少于 1 m 的梯踏上工作。

18. 提高零件表面质量,材料表面强化,均可提高零件的(　　)。

19. 实际绘制的机械制图,常用的是(　　)图。

20. pH 值可用来表示水溶液的酸碱度,pH 值越大,(　　)。

21. 用玻璃电极测溶液的 pH 值,是因为玻璃电极的电位与(　　)呈线性关系。

22. 除雾器冲洗水量的大小和(　　)无关。

23. 水力旋流器运行中的主要故障是(　　)。

24. 除雾器的冲洗时间长短和冲洗间隔的时间和(　　)有关。

25. 如果化验表明脱硫石膏产品中亚硫酸盐的含量过高,则应检查系统中(　　)的运行情况。

26. 连续运行的氧化风机应每隔(　　)天对入口滤网进行一次清理。

27. 运行中的石灰石-石膏湿法脱硫系统,当发生下列情况时,可不必立即停止脱硫系统运行的是(　　)。

28. 在零件图样上用来确定其他点线面位置的基准称为(　　)基准。

29. 闸阀和截止阀均属于(　　)类阀门。

30. 真空阀的工作压力应(　　)大气压力。

31. 安装直径为 150～300 mm 的管道时,两相邻支架的距离为(　　)m。

32. 轴封水泵一般采用(　　)。

33. 齿数模数为(　　)之比值。

34. 物质发生变化后,生成新的物质的变化叫(　　)。

35. 化学变化是指物质发生变化后,(　　)的变化。

36. 从能量观点来说(　　)是一种转换能量的机器。

37. 液体(　　)的定义是指单位体积内含有的质量。

38. 工作压力大于(　　)MPa 的属于超高压阀门。

39. 有效功率与轴功率之比叫泵的(　　)。

40. 电动机是一种将(　　)的电力机械。

41. 电流流通的路径称为(　　)。

42. 电动机在额定情况下运行所能输出的机械功率叫(　　)。

43. 物体对另一物件的作用称为(　　)。

44. 力的作用是物件的运动状态或形状状态发生变化的(　　)。

45. 力的大小、方向和作用点是表达一个力的作用(　　)。

46. 力和力臂的乘积称为(　　)。

47. 当脱硫系统二氧化硫检测仪故障时,应(　　)。

48. 脱硫系统中基本无有毒、高温及高压的物质,但石灰石浆液对人眼睛和皮肤有刺激性,如果在生产中浆液溅入眼睛,应(　　)。

49. 当(　　)情况发生时,就必须将脱硫系统退出运行。

50. 在真空皮带脱水机运行时,对滤布进行冲洗的主要目的是(　　)。

51. 启动石灰石浆液泵前,应首先开启(　　),否则会烧损机械密封。

52. 脱硫浆液循环泵停运(　　)天以上再次启动时,必须联系电气人员对高压电机绝缘进行测量。

53. 烟气和吸收剂在吸收塔中应有足够的接触面积和(　　)。

54. 为防止脱硫后烟气携带水滴对系统下游设备造成不良影响,必须在吸收塔出口处加装(　　)。

55. 系统中配置的脱硫增压风机大多数为(　　)。

56. 钙硫比(Ca/S)是指注入吸收剂量与吸收二氧化硫量的(　　)。

57. 吸收塔内石膏结晶的速度主要依赖于浆液池中(　　)。

58. 石灰石、石膏法中吸收剂的纯度是指吸收剂中(　　)的含量。

59. 理论上进入吸收塔的烟气温度越低,越利于(　　),从而提高脱硫效率。

60. 要自觉维护法律的尊严,善于用法律武器维护自己的合法权益,对违法之事敢于揭发,对违法之人敢于斗争,见义勇为,伸张正义,做(　　)卫士。

61. 在外力作用下,物件内部或与另一物件相互作用的力称之为(　　)。

62. 离心泵(　　)会不出水,影响泵的运转。

63. 泵与电机轴如果不同心会造成轴承(　　)急剧上升。
64. 泵与电机不同心是产生(　　)的直接原因。
65. 电解质电离时所生成阳离子全部为氢离子的化合物叫(　　)。
66. 低压阀是指工作压力在(　　)MPa 以下的阀门。
67. 中压阀是指工作压力在(　　)MPa 之间的阀门。
68. 高压阀门的工作压力范围应在(　　)MPa 之间。
69. 常温阀是指工作温度在(　　)℃之间的阀门。
70. 高温阀是指工作温度在(　　)℃以上的阀门。
71. 图样中所注的尺寸,为该图样所示的(　　)尺寸。
72. 图样中机件要素的线性尺寸与实际机件相应的线性尺寸之比称为(　　)。
73. 机件向基本投影面投影所得的视图称为(　　)。
74. 用几个互相平行的剖切平面剖开机件的方法称为(　　)。
75. 假想用剖切平面将机件的某处切断,仅画出断面的图形称为(　　)。
76. 金属材料的剖面符号一般应画成与水平线成(　　)角的相互平行、间隔均匀的细实线。
77. 主、俯视图长对正,主、左视图高平齐,俯、左视图宽相等称为三视图的(　　)。
78. 机件的每一尺寸,一般只(　　),并标注在反映该结构最清晰的图形上。
79. 脱硫系统中选用的金属材料,不仅要考虑强度、耐磨蚀性,还应考虑(　　)。
80. 吸收塔收集池中的 pH 值通过注入(　　)来进行控制。
81. 吸收塔入口烟气温度较低时,SO_2的吸收率(　　)。
82. 烟囱排出的烟气对大气造成的最主要的污染是(　　)污染。
83. 脱硫技术按脱硫工艺所在煤炭燃烧过程中不同的位置分为(　　)。
84. 干法脱硫的运行成本和湿法脱硫相比,总的来说(　　)。
85. 当系统中氧化风机出力不足时,会使石膏产品的品质下降,这是因为石膏产品中含有大量的(　　)。
86. 关于溶液的 pH 值是 pH 值越低,(　　)。
87. 目前烟气脱硫装置内衬防腐的首选技术是(　　)。
88. 脱硫系统需要投入的循环泵的数量和(　　)无关。
89. 一个完整的尺寸,应包括尺寸线、尺寸界线和(　　)三个基本要素。
90. 滚动轴承的特点是(　　)、维修方便、磨损小、间隙小等。
91. 从泵的入口中心到吸入储槽液面的垂直距离叫做泵的(　　)。
92. 由两个齿轮啮合在一起组成的泵叫(　　)。
93. 利用活塞的往复运动来输送液体的泵叫(　　)。
94. 几个螺杆啮合在一起组成的泵称为(　　)。
95. 在冬季寒冷地区,低压水力除灰系统应采取(　　)措施。
96. 除灰水与灰渣混合多呈(　　)性,pH 值易超过工业"三废"的排放规定。
97. 除尘器在启运前应检查集灰箱,排灰口(　　)是否良好。
98. 锅水给水的 pH 值必须大于(　　)。
99. 脱硫后净烟气通过烟囱排入大气时,有时会产生冒白烟的现象。这是由于烟气中含有大量(　　)导致的。

100. 由于煤形成年代和碳化程度深浅不同,可分成无烟煤(　　)、褐煤、泥煤等几种类型。

101. 联轴器的对轮螺栓与胶圈有(　　)mm 的间隙,橡胶圈上紧后,不应鼓起。

102. Ca/S 摩尔比越高,(　　)。

103. 应在脱硫循环泵启动(　　)打开泵的入口门。

104. 脱硫系统的长期停运是指系统连续停运(　　)。

105. 脱硫系统因故障长期停运后,应将吸收塔内的浆液先排到(　　)存放。

106. 脱硫系统短时间停机后的启动一般指系统停运(　　)的启动。

107. 启动吸收塔搅拌器前,必须使吸收塔(　　),否则会产生较大的机械力而损坏轴承。

108. 叶片式泵是指通过泵轴旋转时带动各种(　　)旋转的泵。

109. 除尘器的主要性能指标包括(　　)和捕集颗粒大小。

110. 重力沉降除尘器虽然效果好,但(　　)面积太大。

111. 水膜除尘器是靠离心力和水的(　　)作用进行除尘的。

112. 泡沫板脱硫除尘器主要靠水拓和泡沫板(　　)来净化烟气。

113. 在单位时间内能排出液体的数量叫泵的(　　)。

114. 利用旋转产生离心力作用输送液体的泵叫(　　)。

115. 单位质量液体通过泵后能被提升的高度叫泵的(　　)。

116. 泵轴在单位时间内旋转的次数叫泵的(　　)。

117. 由两个和轴垂直的相对运动的密封端面进行密封的叫做(　　)。

118. 机械密封的(　　)是密封性好,泄漏少,寿命长,功率消耗小等。

119. 机械密封的(　　)是构造复杂,费用高,制造安装质量要求较高。

120. 离心泵在正常工作时,是由于(　　)的高速旋转才能带动叶轮旋转。

121. 由外圈、内圈、滚动体和保持架构成的轴承称为(　　)。

122. 燃料的成分可为以下七项:(　　)、氢(H)、氧(O)、氮(N)、硫(S)、水分(W)和灰分(A)。

123. 为保证脱硫系统及锅炉的运行安全,最好将系统中原烟气挡板、净烟气挡板、旁路烟气挡板的电源接到(　　)。

124.《环境空气质量标准》(GB 3095—1996)规定 SO_2 日平均二级标准为(　　)。

125. 适当降低吸收塔内的 pH 值,(　　)的目的。

126. 燃煤锅炉所使用的脱硫工艺中,石灰石-石膏法的脱硫效率可高达(　　)。

127. 脱硫系统的工艺水中若含有颗粒性杂质,不会对(　　)入口滤网造成堵塞。

128. 石灰石-石膏湿法脱硫工艺具有工艺流程(　　),脱硫效率(　　)等特点。

129. 脱硫系统中大多数输送浆液的泵在连续运行时形成一个回路,浆液流动速度应足够高,以防止(　　)。

130. 脱硫系统中大多数输送浆液的管道中,浆液流动速度应足够低,以防止(　　)。

131. 以(　　)为零点的压力计量称为绝对压力。

132. 辐射传热量与传热物质间温差的(　　)成正比。

133. 温度是表示物体冷热程度的物理量,国际单位制常用单位是(　　)。

134. 在一定压力下水沸腾时产生的蒸汽为(　　)。

135. 循环回路的高度越高,水循环动力(　　)。

136. 熟知本岗位安全职责和安全操作规程,增强自我保护意识,按时参加班组安全教育,正确使用防护用具用品,经常检查所用、所管的设备、工具、仪器、仪表的(　　)状态,不违章指挥,不违章冒险作业。

137. 遵守法律,执行制度,严格程序、规范操作是(　　)。

138. 液体单位体积的质量称为液体的(　　)。

139. 离心泵的效率在(　　)。

140. 在脱硫系统运行时,运行人员必须做好运行参数的记录,至少应每(　　)h 一次。

141. 当通过吸收塔的烟气流量加大时,系统脱硫效果可能会(　　)。

142. 对设备操作人员要求的"四会"要求包括会使用、(　　)、会检查、会排除故障。

143. 设备润滑"五定"是指定点、定质、定量、(　　)、定人。

144. 企业为了保证和提高产品质量综合利用一整套质量管理体系、思想、手段和方法所进行的系统管理活动称为(　　)。

145. 正确穿戴(　　)保护用品和使用安全防护器具,工作才有安全保障。

146. 企业生产管理的依据是(　　)。

147. 对设备操作人员的"三好"要求包括,管理好设备、使用好设备、(　　)。

148. 透平油牌号 30 号,在 50℃条件下则运动黏度在(　　)mm^2/s 范围内。

149. 班组长及所有操作工在生产现场和工作时间内必须穿(　　)。

150. 技术标准是企业的(　　)。

151. 班组管理中的定期分析主要为(　　)分析。

152. 全面质量管理的特点是从过去的事后把关转变为(　　)为主,从管结果变为管因素。

153. 事故往往起因为人的(　　)或机械物质存在着的不安全状态。

154. 设备安装图用以指导厂房内或基础上进行设备的安装工作,是设备(　　)的重要技术文件。

155. 如果编制的工艺规程有几个方案可供选择,则应进行全面的(　　)分析,确定最好的工艺方案。

156. 电气(　　)按图的内容分为电路图、平面图和剖面图三种。

157. 实耗劳动工时与实际生产产品数量之比称为(　　)。

158. 打开 Windows 的"任务列表",可按快捷键(　　)。

159. 做好除尘器的维护、检修及其(　　)工作是确保除尘器稳定持久高效运行的关键问题之一。

160. 建立健全班组以(　　)为中心的各项管理制度,搞好班组基础工作。

161. 泵轴检修前要测轴的弯曲及(　　)的椭圆度、圆锥度。

162. 烧伤伤员伤情的严重程度主要根据(　　)来判别。

163. 为了使操作技术适应生产发展的要求,要坚持培养人员练好基本功,注重技术进步,把培训方法由单纯保持型转变为(　　)。

164. 在组织人员使用手提式干粉灭火器灭火时,要教会灭火人员一手始终压下压把,不能放开,否则会中断喷射。当干粉喷出后,迅速对准火焰的(　　)扫射。

165. 齿轮线速度超过 15 m/s 时采用的润滑方法是(　　)。

166. 当交错角为 90°的两交错轴选用(　　)传动。

167. 使用闭口固定扳手松螺栓用力拧不动时,在不损坏螺栓的情况下,应采用(　　)。

168. 安全带使用前必须做一次(　　)检查。

169. 电气工具(　　)时间须由电气试验单位定期检查。

170. 影响流体密度和重度的因素有(　　)。

171. 水力除灰管道的流速一般不超过(　　)m/s。

172. 零件进行热装时属于(　　)配合。

二、单项选择题

1. 在锅筒和潮湿的烟道内工作而使用电灯照明时,照明电压应不超过(　　)。

(A)12 V　　(B)24 V　　(C)36 V　　(D)48 V

2. 法兰连接时,法兰应具有较高的(　　)。

(A)抗氧化能力　　(B)可焊性　　(C)抗变形能力　　(D)塑变形能力

3. 承压部件的连接形式是(　　)。

(A)焊接　　(B)锻接　　(C)铰接　　(D)铆接

4. 对于密封性能要求高,不需要更换、拆卸的部件,宜采用(　　)连接形式。

(A)法兰　　(B)螺纹　　(C)焊接　　(D)铆接

5. 对于非承压管道,需要经常更换修理的部件,宜采用(　　)连接形式。

(A)法兰　　(B)螺纹　　(C)焊接　　(D)铆接

6. 对于非承压管道,需要经常更换修理的部件,当其直径小于 50 mm 时,宜采用(　　)连接形式。

(A)法兰　　(B)螺纹　　(C)焊接　　(D)铆接

7. 管道油漆的目的是(　　)。

(A)标明管道内的介质　　(B)区别介质的流向

(C)防止管道腐蚀　　(D)说明内部情况

8. 管道保温的目的是(　　)。

(A)美化环境　　(B)减少散热损失　　(C)防止碰撞　　(D)保护内部介质

9. 常用的保温材料是(　　)。

(A)红砖　　(B)耐火砖　　(C)泡沫混凝土　　(D)防水混凝土

10. 指示管道内介质流动方向的箭头一般涂成(　　)。

(A)白色或黄色　　(B)金色或绿色　　(C)灰色或褐色　　(D)灰色或绿色

11. 常压下,温度为 100℃时,水的密度是(　　)。

(A)500 mg/m^3　　(B)1 000 kg/m^3　　(C)1 200 mg/m^3　　(D)1 400 mg/m^3

12. 煤的灰分大小与烟尘浓度是(　　)关系。

(A)对等　　(B)正比　　(C)反比　　(D)不变

13. 叶片泵是靠(　　)作用提升液体的。

(A)叶片　　(B)泵轴　　(C)电机　　(D)泵径

14. 靠(　　)的变化输送液体的叫容积泵。
(A)压力　(B)功率　(C)容积　(D)体积
15. 工作压力在(　　)范围内属于中压泵。
(A)0.2～0.6 MPa　(B)0.1～0.2 MPa　(C)0.5～0.8 MPa　(D)0.7～1.1 MPa
16. 活塞泵是靠活塞的(　　)输送液体的。
(A)往复运动　(B)上下运动　(C)旋转运动　(D)平衡运动
17. 在单位时间内泵所能做功的大小叫(　　)。
(A)轴功率　(B)有效功率　(C)功率　(D)无效功率
18. 轴功率是原动机传给(　　)的功率。
(A)叶轮　(B)泵轴　(C)泵体　(D)电机
19. 表达泵功率单位符号是(　　)。
(A)kW　(B)MP　(C)km　(D)AW
20. 循环水泵的轴封装置是采用(　　)形式。
(A)浮动密封　(B)机械密封　(C)填料密封　(D)塑料密封
21. 耐腐蚀泵的泵轴材质一般是由(　　)制造的。
(A)碳钢　(B)合金钢　(C)不锈钢　(D)铸钢
22. 水泵的(　　)是表示泵对水的提升高度的设计量。
(A)流量　(B)扬程　(C)功率　(D)泵径
23. 泵轴在单位时间内(　　)次数叫泵的转数。
(A)旋转　(B)往复　(C)撞击　(D)平衡
24. 轴承是用来支撑泵的(　　)的。
(A)泵体　(B)转子　(C)对轮　(D)电机
25. 电机与泵对轮不同心是产生(　　)的原因之一。
(A)振动　(B)汽蚀　(C)超温　(D)沸腾
26. (　　)部件是离心泵的主要部件,装在轴上使液体获得能量。
(A)轴承　(B)叶轮　(C)泵体　(D)电机
27. 离心泵能泵水,主要靠泵轴带动叶轮旋转产生的(　　)来完成的。
(A)离心力　(B)向心力　(C)冲击力　(D)漂浮力
28. 泵体是离心泵的主要部件之一,它有(　　)作用。
(A)3 个　(B)4 个　(C)5 个　(D)6 个
29. 每个水分子是由(　　)氢原子和一个氧原子构成。
(A)3 个　(B)2 个　(C)1 个　(D)4 个
30. 静止液体内的压力称为液体的(　　)。
(A)静压力　(B)压力　(C)压强　(D)质量
31. 液体和气体统称为(　　)。
(A)气体　(B)流体　(C)固体　(D)物质
32. 体积流量的表示单位是(　　)。
(A)m^3/h　(B)kg/h　(C)mL/s　(D)mL/min
33. 联轴器一般分(　　)种类型。

(A)2　(B)3　(C)4　(D)5

34. 工作压力为 0.4 MPa 的阀门叫(　　)阀。

(A)中压　(B)高压　(C)真空　(D)低压

35. 闸阀、截止阀均属于(　　)类阀门。

(A)分流　(B)截断　(C)调节　(D)控制

36. 我单位常用阀门有(　　)种。

(A)4　(B)5　(C)7　(D)8

37. 为了防止介质超压而起安全作用的阀门叫(　　)。

(A)调节阀　(B)安全阀　(C)阻气阀　(D)截止阀

38. 阀门的连接形式有(　　)种。

(A)2　(B)3　(C)4　(D)5

39. 物体单位面积上受到的力叫做(　　)。

(A)压强　(B)压力　(C)真空　(D)低压

40. 56FB—150 型泵的设计流量是(　　)m^3/h。

(A)150　(B)180　(C)178.2　(D)192.4

41. 清水泵及循环泵用阀门均为(　　)。

(A)闸阀　(B)调节阀　(C)分流阀　(D)截止阀

42. 一般阀体上的"→"标示表示结构为(　　)的阀门。

(A)直通　(B)三通　(C)直角　(D)停止

43. 一般阀体上 DN100 表示阀门的(　　)。

(A)直径　(B)压力　(C)种类　(D)半径

44. 一般阀体上的"←→"标示表示结构为(　　)的阀门。

(A)直通　(B)三通　(C)直角　(D)停止

45. 沉淀池运行切换时间一般规定为(　　)。

(A)一周　(B)二周　(C)三周　(D)四周

46. 把支撑机器上的转动轴的机件叫做(　　)。

(A)支座　(B)轴承　(C)机架　(D)构架

47. 轴承一般分为(　　)大类。

(A)2　(B)3　(C)4　(D)5

48. 旋转的轴颈与轴承为面同面摩擦叫(　　)摩擦。

(A)滑动　(B)滚动　(C)旋转　(D)支撑

49. 滚动轴承由(　　)个零件组成。

(A)2　(B)3　(C)4　(D)5

50. 滚动轴承工作时其温升不应超过(　　)。

(A)50℃　(B)60℃　(C)65℃　(D)75℃

51. 利用滚动体作(　　)运动的轴承叫滚动轴承。

(A)滚动　(B)滑动　(C)往复　(D)支撑

52. 长度单位中 1 mm=(　　)。

(A)100 μm　(B)500 μm　(C)1 000 μm　(D)1 200 μm

53. 电动机是一种将(　　)转变为机械能的电力机械。
(A)热能　(B)电能　(C)化学能　(D)机械能
54. 联轴器是用来(　　)两根轴并传递运动和扭矩作用的。
(A)连接　(B)支撑　(C)转变　(D)撞击
55. 力是物体对另一物体的(　　)。
(A)作用　(B)压力　(C)摩擦　(D)反作用力
56. 除尘常用材料分(　　)大类。
(A)3　(B)2　(C)1　(D)4
57. 常用金属有色金属有(　　)种。
(A)3　(B)4　(C)5　(D)6
58. 强度、硬度、弹性、塑性和冲击韧性统称为材料的(　　)。
(A)工艺性能　(B)机械性能　(C)抵抗性能　(D)物理性能
59. 氨法脱硫中吸收剂是指(　　)。
(A)氧化钙　(B)氢氧化钙　(C)氨　(D)氢氧化镁
60. 泵的体积流量是指单位时间内输送的流体(　　)。
(A)质量　(B)能量　(C)体积　(D)重量
61. 烟气带水是引起引风机挂灰和(　　)的主要原因。
(A)过负荷　(B)振动　(C)过热　(D)冒黑烟
62. 电动机是将电能变成(　　)的机械。
(A)热能　(B)机械能　(C)光能　(D)动能
63. 一般电动机启动电流为额定电流的(　　)倍。
(A)2～3　(B)4～7　(C)5～10　(D)10～20
64. 扬程是把液体经泵后获得的机械能以(　　)形式表示，其物理意义是液柱高度。
(A)压力能　(B)动能　(C)位能　(D)机械能
65. 净烟气的腐蚀性要大于原烟气，主要是因为其(　　)。
(A)含有大量氯离子　(B)含有三氧化硫
(C)含有大量二氧化硫　(D)温度降低且含水量增大
66. 脱硫系统中选用的金属材料，不仅要考虑强度、耐磨蚀性，还应考虑(　　)。
(A)抗老化能力　(B)抗疲劳能力　(C)抗腐蚀能力　(D)耐高温性能
67. 吸收塔内吸收区的高度一般指入口烟道中心线至(　　)的距离，这个高度决定了烟气与脱硫剂的接触时间。
(A)吸收塔顶部标高　(B)最上层喷淋层中心线
(C)最下层中心线　(D)浆液池液面
68. 氨法脱硫吸收塔溶液池中的 pH 值通过注入(　　)来进行控制。
(A)氨水　(B)工艺水　(C)氧化空气　(D)石灰石浆液
69. 氨法脱硫吸收塔溶液池内的 pH 值最好控制在(　　)。
(A)2.0～3.5　(B)3.5～5.0　(C)5.0～6.0　(D)6.8～7.0
70. 自动调节回路中，用来测量被调过程变量的实际值的硬件，称为(　　)。
(A)传感器　(B)调节器　(C)执行器　(D)放大器

71. 吸收塔入口烟气温度较低时,SO_2的吸收率(　　)。

(A)较低　(B)较高　(C)不变　(D)不一定

72. 为了减少计算机系统或通信系统的故障概率,而对电路和信息的重复或部分重复,在计算机术语中叫做(　　)。

(A)备份　(B)分散　(C)冗余　(D)集散

73. pH 值可用来表示水溶液的酸碱度,pH 值越大,(　　)。

(A)酸性越强　(B)碱性越强　(C)碱性越弱　(D)不一定

74.《环境空气质量标准》(GB 3095—1996)规定标准状态下,SO_2日平均二级标准为(　　)。

(A)0.06 mg/m^3　(B)0.10 mg/m^3　(C)0.15 mg/m^3　(D)0.20 mg/m^3

75. 烟气进入(　　)也是影响旋风除尘器效率的因素之一。

(A)流量　(B)速度　(C)压力　(D)烟道

76. 离心泵按(　　)的进水情况不同可分为单吸泵和双吸泵。

(A)泵体　(B)泵轴　(C)叶轮　(D)电机

77. 离心泵按其轴上所装叶轮(　　)不同可分为单吸泵和双吸泵。

(A)质量　(B)数量　(C)规格　(D)型号

78. 按照离心泵的(　　)设计安装位置不同分为卧式泵和立式泵。

(A)泵轴　(B)泵体　(C)叶轮　(D)电机

79. 湿式石灰石/石灰洗涤工艺分为抛弃法和回收法,其最主要的区别在于(　　)。

(A)抛弃法脱硫效率较低

(B)抛弃法系统中不需要 GGH

(C)抛弃法系统中没有回收副产品的系统及设备

(D)抛弃法使用的脱硫剂为消石灰

80. 运行中滑动轴承允许的最高温度为(　　)。

(A)60℃　(B)65℃　(C)80℃　(D)90℃

81. 物质在湍流流体中的传递,(　　)。

(A)主要是由于分子运动而引起的　(B)是由流体中质点运动引起的

(C)由重力作用引起的　(D)是由压力作用引起的

82. 关于溶液的 pH 值,下面叙述正确的是(　　)。

(A)pH 值越高,越容易对金属造成腐蚀　(B)pH 值越高,溶液的酸性越强

(C)pH 值越低,溶液的酸性越强　(D)pH 值用于度量浓酸的酸度

83. 除尘器分离出来的尘量与进入除尘器尘量的比值叫除尘器(　　)。

(A)烟气量　(B)指标　(C)效率　(D)功率

84. 为防止脱硫后烟气携带水滴对系统下游设备造成不良影响,必须在吸收塔出口处加装(　　)。

(A)水力旋流器　(B)除雾器　(C)布风托盘　(D)再热器

85. 离心泵噪声增大是因为(　　)。

(A)转速过高　(B)功率过大

(C)吸入管内阻力增加　(D)温度过高

86. 楔键的上表面斜度为(　　)。

(A)1/100 (B)1/50 (C)1/30 (D)1/20

87. 高压给水泵泵体温度在55℃以下，启动暖泵时间为(　　)。

(A)0.5～1 h (B)1～1.5 h (C)1.5～2 h (D)2～2.5 h

88. 泵在运行一段时间后，其容积效率下降的原因之一是(　　)。

(A)间隙增大 (B)振动增大 (C)阻力增大 (D)间隙变小

89. 一般电机冷态启动不超过(　　)。

(A)1次 (B)2次 (C)3次 (D)4次

90. 电动机在运行中，电源电压不能超出电动机额定电压的(　　)。

(A)±10% (B)±15% (C)±20% (D)±30%

91. 烟气和吸收剂在吸收塔中应有足够的接触面积和(　　)。

(A)滞留时间 (B)流速 (C)流量 (D)压力

92. 直流电动机铭牌上标注的额定功率，代表(　　)。

(A)电动机轴输出的机械功率 (B)电动机输入的功率

(C)电动机的最大功率 (D)电动机最小功率

93. 触电人心脏停止跳动时，应采用(　　)法进行抢救。

(A)口对口呼吸 (B)胸外心脏挤压 (C)打强心针 (D)摇臂压胸

94. 脱硫后净烟气通过烟囱排入大气时，有时会产生冒白烟的现象。这是由于烟气中含有大量(　　)导致的。

(A)粉尘 (B)二氧化硫 (C)水蒸气 (D)二氧化碳

95. 并联的两台泵运行，其(　　)相等。

(A)流速 (B)流量 (C)压力 (D)电流

96. 大小修后的转动机械必须进行(　　)，以验证可靠性。

(A)不少于4 h的试运行 (B)不少于30 min的试运行

(C)不少于1 h的试运行 (D)不少于2 min的试运行

97. 麻石水膜除尘器环嘴供水压力要求为(　　)。

(A)0.02 MPa (B)0.04 MPa (C)0.06 MPa (D)0.08 MPa

98. 标准圆锥销的锥度为(　　)。

(A)1/10 (B)1/20 (C)1/30 (D)1/50

99. 燃烧前脱硫的主要方式是(　　)。

(A)洗煤、煤的气化和液化以及水煤浆技术

(B)洗煤、煤的气化和炉前喷钙工艺

(C)流化床燃烧技术

(D)旋转喷雾干燥法

100. 由于大型零部件在吊装、摆放时会引起不同程度的变形，所以势必引起该零部件的(　　)。

(A)尺寸差异 (B)形态变化 (C)位置变化 (D)精度变化

101. 材料在外力作用下抵抗塑性变形和破坏的能力叫(　　)。

(A)压强 (B)强度 (C)硬度 (D)弹性

102. 除尘器排出的灰水是含有(　　)的酸性物质。

(A)氢化物　(B)氧化物　(C)硫化物　(D)氨化物

103. 烟气中碳的(　　)包括 CO_2 和 CO。

(A)硫化物　(B)氧化物　(C)氢化物　(D)氨化物

104. 保证湿式除尘器高效率工作就要首先保证(　　)稳定。

(A)水流　(B)水压　(C)烟量　(D)含氧量

105. (　　)是经过化学方法处理过的水。

(A)自来水　(B)软化水　(C)天然水　(D)中水

106. 除尘器如果漏风超过1%时，其除尘效率会降低(　　)。

(A)5%　(B)10%　(C)15%　(D)20%

107. 水的分子式为(　　)。

(A)CO　(B)H_2O　(C)SO_2　(D)CO_2

108. 水膜除尘主要靠水的(　　)作用将烟尘净化。

(A)吸附　(B)冲刷　(C)喷淋　(D)化学反应

109. 除尘水泵的出入口阀采用的是(　　)。

(A)截止阀　(B)闸阀　(C)球阀　(D)柱塞阀

110. 除尘器主要性能指标是(　　)和能捕集颗粒大小。

(A)烟气量　(B)捕尘率　(C)净化率　(D)脱硫率

111. 温度是表示(　　)冷热程度的物理量。

(A)流体　(B)气体　(C)物体　(D)固体

112. 树立用户至上的思想，就是增强服务意识，端正服务态度，改进服务措施达到(　　)。

(A)用户至上　(B)用户满意　(C)产品质量　(D)产品品质

113. 清正廉洁，克己奉公，不以权谋私、行贿受贿是(　　)。

(A)职业态度　(B)职业修养　(C)职业纪律　(D)职业品德

114. 引起离心泵产生振动的直接原因可能是(　　)。

(A)装卸间隔大　(B)泵轴弯曲　(C)功率过大　(D)泵轴松动

115. 启动时发现水泵电流大且超过规定时间应(　　)。

(A)检查电流表是否正确　(B)仔细分析原因

(C)立即停泵检查　(D)继续运行

116. 水泵启动时，出口门无法打开，应(　　)。

(A)立即停泵　(B)联系检修检查

(C)到现场手动打开　(D)检查原因

117. 运转中，工艺水泵轴承温度不得超过(　　)。

(A)70℃　(B)80℃　(C)90℃　(D)100℃

118. SO_2 测试仪主要是测量锅炉尾部烟气中(　　)。

(A)SO_2 的浓度　(B)S 的浓度　(C)SO_2 的质量　(D)S 的质量

119. 下列物质中可作为二氧化硫吸附剂的物质是(　　)。

(A)氧化钙　(B)石膏　(C)氧化铝　(D)三氧化二铁

120. 两轴线相垂直的等径圆柱体相贯，则相贯线投影的形状是(　　)。

(A)圆弧　(B)直线　(C)曲线　(D)相交直线

121. 多级泵轴向推力的平衡办法一般采用(　　)。

(A)平衡盘　(B)平衡孔　(C)平衡管　(D)推力轴承

122. pH＝11.02中,此数值的有效数字为(　　)。

(A)1　(B)2　(C)3　(D)4

123. 下述物质中,常作为化学添加剂用于增加吸收浆液缓冲性能,提高石灰石湿法脱硫效率的是(　　)。

(A)火碱　(B)硝酸　(C)盐酸　(D)二元酸

124. pH＝2.0和pH＝4.0的两种溶液等体积混合后,pH值为(　　)。

(A)2.1　(B)2.3　(C)2.5　(D)3.0

125. 在4 m×4 m的矩形烟道断面上确定烟气采样点个数,不得少于(　　)个。

(A)4　(B)8　(C)12　(D)16

126. 测定烟气主要成分含量时,应在靠近烟道(　　)处采样测量。

(A)中心处　(B)边缘处　(C)拐角处　(D)任意点

127. 脱硫系统的长期停运是指系统连续停运(　　)。

(A)10 d以上　(B)7 d以上　(C)3 d以上　(D)24 h以上

128. 脱硫系统中大多数输送浆液的管道中,浆液流动速度应足够低,以防止(　　)。

(A)固体的沉积　(B)对管道冲刷磨损

(C)管道结垢　(D)管道堵塞

129. 下列几组设备,一般说来均应由双电源供电,不能停转的设备是(　　)。

(A)真空皮带脱水机、石灰石浆液泵、DCS电源柜

(B)GGH、脱硫循环泵、搅拌器

(C)搅拌器、烟气挡板、工艺水泵

(D)电动执行器、吸收塔排出泵、事故排水坑泵

130. 电动机启动时间过长或在短时间内连续多次启动,会使电动机绕组产生很大热量,温度(　　)造成电动机损坏。

(A)急剧上升　(B)急剧下降　(C)缓慢上升　(D)缓慢下降

131. 电除尘器下部除灰水与灰混合多呈(　　)。

(A)酸性　(B)碱性　(C)中性　(D)强酸性

132. 启动氧化风机前应检查皮带松紧程度,如果皮带未张紧就运行风机,可能会发生(　　)现象。

(A)皮带烧损　(B)电机烧损　(C)噪声偏高　(D)振动过大

133. 下列四个pH值中,既能满足循环浆液吸收SO_2,又能保证$CaCO_3$充分溶解的是(　　)。

(A)3.8　(B)4.5　(C)5.8　(D)7.1

134. 脱硫系统中大多数输送浆液的泵在连续运行时形成一个回路,浆液流动速度应足够高,以防止(　　)。

(A)固体的沉积　(B)对管道冲刷磨损

(C)管道结垢　(D)浆液供应不足

135. 流体静力学基本方程式为(　　)。

(A)$p=p_0+\gamma h$　(B)$p=h$　(C)$p=p_0+h$　(D)$p=\gamma h$

136. 泵的扬程是指单位质量的液体通过泵后所获得的(　　)。

(A)压力能　(B)动能　(C)位能　(D)总能量

137. 利用(　　)叫做固体膨胀式温度计。

(A)固体膨胀的性质制成的仪表

(B)物体受热膨胀的性质制成的仪表

(C)固体受热膨胀的性质而制成的测量仪表

(D)物体受热膨胀制成的仪表

138. 阀门第一单元型号 Y 表示为(　　)。

(A)闸阀　(B)截止阀　(C)减压阀　(D)球阀

139. 空气在空压机中被压缩时温度会(　　)。

(A)缓慢升高　(B)缓慢降低　(C)急剧升高　(D)急剧降低

140. 轴与轴承配合部分称为(　　)。

(A)轴头　(B)轴肩　(C)轴颈　(D)轴尾

141. 一般减速器的轴应用(　　)制造。

(A)球墨铸铁　(B)耐热合金钢　(C)普通钢　(D)45 号钢

142. 离心泵构造中,(　　)是提高流体能量的重要部件。

(A)轴　(B)轴套　(C)泵壳　(D)叶轮

143. (　　)用于接通和切断管道中的介质。

(A)截止阀　(B)调节阀　(C)逆止阀　(D)安全

144. 滑动轴承顶部的螺纹孔是安装(　　)用的。

(A)油杯　(B)吊钩　(C)紧定螺钩　(D)定位

145. 为提高钢的耐磨性和抗磁性需加入的合金元素是(　　)。

(A)锌　(B)锰　(C)铝　(D)铜

146. 接触器是一种(　　)。

(A)手动电器式开关　(B)自动电磁式开关

(C)保护电器　(D)行程开关

147. 在正常情况下,异步电动机允许在冷态下最多启动(　　)。

(A)一次　(B)两次　(C)三次　(D)多次

148. 气力除灰系统中干灰被吸送,此系统为(　　)气力除灰系统。

(A)正压　(B)微正压　(C)负压　(D)微负压

149. 泵的轴功率 P 与有效功率 P_e 的关系是(　　)。

(A)$P=P_e$　(B)$P>P_e$　(C)$P<Pe$　(D)无

150. 人员脱离现场(　　)个月以上,在恢复工作前要进行安全及运行规程的考试,考试合格后方可安排工作。

(A)1　(B)2　(C)3　(D)4

151. 泡沫灭火器扑救(　　)的火灾效果最好。

(A)油类　(B)化学药品　(C)可燃气体　(D)电气设备

152. 由于接班人员检查不彻底发生的问题,由(　　)负责。

(A)交班人员 (B)接班人员 (C)值长 (D)班长

153. 因交接记录错误而发生问题由(　　)负责。

(A)交班人员 (B)接班人员 (C)值长 (D)班长

154. 在(　　)期间,不得进行交接班工作。

(A)正常运行 (B)交、接班人员发生意见争执

(C)处理事故或进行重大操作 (D)机组停运

155. 接班人员必须在接班前(　　)换好工作服到达指定地点,参加班前会。

(A)5 min (B)10 min (C)15 min (D)20 min

156. 交班人员在交班前(　　)做好交班准备。

(A)10 min (B)20 min (C)30 min (D)40 min

157. 为了完整地表达物体的大小及形状,常用的三视图是(　　)。

(A)主视图、俯视图、左视图 (B)主视图、俯视图、右视图

(C)主视图、仰视图、左视图 (D)主视图、仰视图、右视图

158. 把零件的某一部分向基本投影面投影所得到的视图是(　　)。

(A)局部视图 (B)旋转视图 (C)斜视图 (D)主视图

159. 绘图比例 1∶20 表示图样尺寸 20 mm 长度在实际机件中长度为(　　)。

(A)200 mm (B)100 mm (C)400 mm (D)5 mm

160. 运行中监视电机电流,电流指示应在(　　)。

(A)规定值附近 (B)红线附近 (C)红线之上 (D)接近零的位置

161. 断开浓缩机操作开关,电流指示应(　　)。

(A)先升至红线后回零 (B)迅速回零

(C)缓慢回零 (D)电机完全停止转动后才回到零

162. 泵串联运行的启动方式,一般是(　　)。

(A)先启动第一级泵,再启动第二级泵 (B)先启动第二级泵,再启动第一级泵

(C)无所谓,先启动哪级都行 (D)两级泵同时启动

163. 异步电动机在启动中发生一相断线时,电动机(　　)。

(A)启动时间延长 (B)启动正常

(C)启动不起来 (D)启动时有声响

164. 高压电动机启动前必须请示(　　),得到启动命令后方可启动。

(A)值长 (B)单元长 (C)班长 (D)厂长

165. 电流通过人体的途径不同,通过人体心脏的电流大小也不同,(　　)的电流途径对人体伤害较为严重。

(A)从手到手 (B)从左手到脚 (C)从右手到脚 (D)从脚到脚

166. 口对口人工呼吸时,应每隔(　　)吹气一次,直至呼吸恢复正常。

(A)3 s (B)5 s (C)7 s (D)10 s

167. (　　)不属于浓缩池(机)的高浓度输灰系统。

(A)油隔离泵 (B)水隔离泵 (C)柱塞泵 (D)灰浆泵

168. 下列不属于离心泵轴封装置的是(　　)。

(A)填料密封 (B)密封环 (C)机械密封 (D)迷宫式密封

169. 用钢尺测量工件,在读数时,视线必须跟钢尺的尺面(　　)。

(A)相水平　(B)倾斜成一角度　(C)成45°角　(D)相垂直

170. 整流变压器输出的直流电源为(　　)。

(A)一次电流　(B)二次电流　(C)电极电流　(D)电晕电流

171. 聚四氟乙烯材料常用在振打磁轴箱和顶部套管等处,其作用是(　　)。

(A)绝缘　(B)找平　(C)缓冲　(D)结构

172. 除尘器的工作电压,就是能产生大量的(　　)电压。

(A)起晕　(B)电晕　(C)峰值　(D)电弧

173. 机械密封与填料密封相比,机械密封(　　)。

(A)密封性能差　(B)价格低　(C)机械损失小　(D)漏流量小

三、多项选择题

1. 对于工作温度为480℃的螺栓,不能采用(　　)材料。

(A)35号钢　(B)45号钢　(C)35CrMo　(D)25Cr2MoV

2. 电机轴与水泵轴不同心会造成(　　)危害。

(A)轴承损坏　(B)机泵振动　(C)电机过热　(D)水泵跳动

3. 离心泵泵轴与泵壳之间压盖填料函的组成是(　　)、水封管。

(A)轴封套(轴套)　(B)填料　(C)水封环　(D)压盖

4. 水泵的主要运行参数是(　　)、效率、允许吸上真空高度。

(A)流量　(B)扬程　(C)转速　(D)轴功率

5. 水泵运转中注意检查(　　)。

(A)电流　(B)电压

(C)机械声音　(D)轴承和电机温度

6. 泵的种类按其作用可分为(　　)三种。

(A)叶片式　(B)飞轮式　(C)容积式　(D)喷射式

7. 离心式水膜除尘器利用离心分离原理,同时还利用水的(　　)作用来分离飞灰。

(A)化学反应　(B)冲洗　(C)湿润　(D)吸附

8. 零件图的读图顺序一般为(　　)。

(A)先看主要部分,后看次要部分　(B)先看容易确定的,后看难于确定的

(C)先看整体形状,后看细节形状　(D)先看次要部分,后看主要部分

9. 离心泵的主要损失有:(　　)。

(A)机械损失　(B)容积损失　(C)水力损失　(D)压力损失

10. 滑动间隙有(　　)。

(A)窜动间隙　(B)径向间隙　(C)轴向间隙　(D)定心间隙

11. 离心泵的叶轮是使流体获得能量的主要部件,其型式有(　　)。

(A)封固式　(B)开式　(C)封闭式　(D)半开式

12. 常用的高压给水泵按结构分为(　　)两种形式。

(A)椭圆分段式　(B)圆环分段式　(C)椭圆式　(D)圆筒式

13. 直轴的方法有(　　)和内应力松弛法。

(A)捻打法　(B)局部加热法　(C)机械加压法　(D)加热加压法

14. 叶轮密封环的形式主要有(　　)。

(A)叶片式　(B)变通圆柱形　(C)迷宫式　(D)锯齿形

15. 管钳以长度为规格有 150 mm、200 mm、(　　)、450 mm、600 mm、900 mm、1 200 mm 几种。

(A)250 mm　(B)300 mm　(C)350 mm　(D)400 mm

16. 活扳手以长度为规格,常用活扳手的规格有(　　)、250 mm、300 mm、375 mm、450 mm 几种。

(A)120 mm　(B)140 mm　(C)150 mm　(D)200 mm

17. 滚动轴承的拆装方法有(　　)。

(A)铜棒手锤法　(B)套管手锤法　(C)加热法　(D)拂子法

18. 常采用的机械传动方式有(　　)、蜗杆传动、轴传动。

(A)带传动　(B)轮传动　(C)链传动　(D)齿轮传动

19. 流体通过叶轮所获得的能头,取决于(　　)。

(A)电机功率　(B)叶轮几何尺寸　(C)叶片型式　(D)转数

20. 活动支架分(　　)两种。

(A)滑动支架　(B)手拉支架　(C)电动支架　(D)滚动支架

21. 我们俗称的"三废"是指(　　)。

(A)废油　(B)废气　(C)废渣　(D)废水

22. 泵与风机是把机械能转变为流体(　　)的一种动力设备。

(A)热能　(B)动能　(C)势能　(D)压能

23. 滚动轴承的轴向位置的固定方式有(　　)。

(A)单侧受力固定　(B)双侧受力固定　(C)自由固定　(D)轴向固定

24. 选择泵用的机械密封,必须根据五大参数来决定,它们是(　　)、压力。

(A)介质特性　(B)转速　(C)轴颈　(D)温度

25. 在一定的烟气量下,脱硫效率主要通过吸收塔浆液(　　)来控制。

(A)pH 值　(B)浆液密度　(C)吸收塔液位　(D)密度

26. 扩散过程包括(　　)方式。

(A)分子扩散　(B)浆液密度　(C)吸收塔液位　(D)湍流扩散

27. 产生酸雨的主要一次污染物是(　　)。

(A)SO_2　(B)NO_2　(C)NO　(D)HNO_3

28. 烧结过程排出的烟气会对大气造成严重污染,其主要污染物是烟尘和(　　)。

(A)氮氧化物　(B)二氧化碳

(C)尘粒　(D)微量重金属微粒

29. 按照烟气和循环浆液在吸收塔内的相对流向,可将吸收塔分为(　　)。

(A)填料塔　(B)顺流塔　(C)逆流塔　(D)托盘塔

30. 吸收塔内按所发生的化学反应过程可分为(　　)三个区。

(A)吸收区　(B)中和区　(C)喷淋区　(D)氧化区

31. 火电厂燃烧前脱硫的主要方式是(　　)。

(A)洗煤、煤的气化和液化　(B)水煤浆技术
(C)流化床燃烧技术　(D)旋转喷雾干燥法

32. 常用的润滑剂有(　　)。
(A)润滑油　(B)齿轮油　(C)润滑脂　(D)二硫化钼

33. 振打锤有(　　)几种备件的名称。
(A)耐磨套　(B)叉式轴承　(C)滚动轴承　(D)圆柱轴承

34. 工作票签发人应具备(　　)条件。
(A)熟悉设备系统及设备性能
(B)熟悉安全工作规程、检修制度及运行规程的有关部分
(C)掌握人员安全技术条件
(D)了解检修工艺

35. 设备常采用的装配方法有(　　)、完全互换法四种。
(A)选配法　(B)修配法　(C)调整法　(D)调配法

36. 就集成度而言集成电路有(　　)之分。
(A)小规模　(B)中规模　(C)大规模　(D)超大规模

37. 减速机检修时,当沿轴向两个摆线轮上的标记认不清时,可按(　　)三个位置试装,以确定其相互位置。
(A)0°　(B)60°　(C)90°　(D)180°

38. 游标卡尺按用途分为(　　)。
(A)普通游标卡尺　(B)精细游标卡尺　(C)深度游标卡尺　(D)高度游标卡尺

39. 滚动轴承根据受力方向分为(　　)。
(A)向心轴承　(B)推力轴承　(C)径向轴承　(D)向心推力轴承

40. 除尘设备运行工的作用是(　　)设备运行,分析和统计各种指标。
(A)监视　(B)操作　(C)控制　(D)检修

41. 换热器按其工作原理可分为(　　)。
(A)表面式　(B)回热式　(C)混合式　(D)一体式

42. 大修工序一般分为(　　)三个阶段进行,其中"修"是指对设备进行清扫、检查、处理设备缺陷,更换易磨损部件,落实特殊项目的技术措施,这是检修的重要环节。
(A)拆　(B)卸　(C)装　(D)修

43. 离心泵轴向推力的平衡方式有(　　)。
(A)平衡孔法　(B)叶轮对称进水法
(C)平衡盘法　(D)推力轴承法

44. 隔离开关的检修工艺有(　　)。
(A)清扫隔离开关
(B)检查开关接触良好,动作灵活
(C)拉合刀闸无卡涩,刀片插入位置正确适度
(D)清理入口烟道

45. 滚动轴承的装配方法有(　　)。
(A)间隙法　(B)锤打法　(C)压入法　(D)热装法

46. 在氧化空气中喷入工业水的主要目的是为了(　　)。
(A)防止氧化空气管路　　(B)降温
(C)喷嘴结垢　　(D)提高氧化效率
47. 防止吸收塔反应池内浆液发生沉淀的常用方法有(　　)。
(A)机械搅拌　　(B)脉冲悬浮　　(C)人工搅拌　　(D)鼓风搅拌
48. 表面式换热器按冷热流体的流动方向分(　　)。
(A)顺流式　　(B)逆流式　　(C)叉流式　　(D)混流式
49. 圆盘摩擦损失应属于(　　)。
(A)机械损失　　(B)流动损失　　(C)容积损失　　(D)压力损失
50. 按照金属腐蚀破坏形态可把金属腐蚀分为(　　)。
(A)高温腐蚀　　(B)低温腐蚀　　(C)全面腐蚀　　(D)局部腐蚀
51. 循环水泵工作的特点是(　　)。
(A)小流量　　(B)大流量　　(C)小扬程　　(D)大扬程
52. 不能用于连接的螺纹是(　　)。
(A)内螺纹　　(B)外螺纹　　(C)梯形螺纹　　(D)锯齿形螺纹
53. 吸收塔主要由(　　)。
(A)吸收区域　　(B)除雾器　　(C)浆液池　　(D)搅拌系统
54. 液体的流动阻力一般分为(　　)。
(A)沿程阻力　　(B)管道阻力　　(C)摩擦阻力　　(D)局部阻力
55. 至今为止已有的设备检修体制主要有以下(　　)几种。
(A)故障维修　　(B)事后维修　　(C)预防检修　　(D)状态检修
56. 气力除灰系统采用气锁阀,上下两个室容易磨损,磨损严重的部位是(　　),应采用单室气锁阀。
(A)底阀　　(B)下室　　(C)顶阀　　(D)上室
57. 水是由(　　)元素组成的。
(A)H　　(B)C　　(C)O　　(D)S
58. 物体有三态即(　　)。
(A)液体　　(B)气体　　(C)凝固体　　(D)固体
59. 消防工作,实行(　　)的方针。
(A)预防为主　　(B)检查为主　　(C)消预结合　　(D)防消结合
60. (　　)是企业产品质量的基础。
(A)班组工序　　(B)工作质量　　(C)产品工序　　(D)产品质量
61. 脱硫循环系统都由(　　)等组成。
(A)脱硫循环池　　(B)脱硫循环泵　　(C)喷管　　(D)净化元件
62. 当清水泵运行中(　　)时,应及时停泵并查明原因。
(A)不出水　　(B)无压力　　(C)出水量增大　　(D)管道振动
63. (　　)漏风会严重降低和影响除尘效率。
(A)除尘器体　　(B)烟道　　(C)脱硫池　　(D)除尘管路
64. (　　)的区别是由含碳量决定的。

(A)钢　(B)铁　(C)不锈钢　(D)铸铁

65. 除灰低压变压器有(　　)。

(A)过流保护　(B)温度保护　(C)过载保护　(D)自动保护

66. 除尘器有(　　)类型。

(A)机械式除尘器　(B)电气式除尘器

(C)干式除尘器　(D)湿式除尘器

67. 低压电动机的保护元件有(　　)。

(A)塑壳断路器　(B)熔断器　(C)热继电器　(D)过流继电器

68. 润滑油在各种机械中的作用是(　　)。

(A)润滑作用　(B)冷却作用　(C)封闭作用　(D)清洁作用

69. 常用的安全阀有(　　)。

(A)冲击式　(B)重锤式　(C)弹簧式　(D)脉冲式

70. 电机发热的主要原因是(　　)。

(A)电流　(B)振动　(C)过载　(D)磁滞

71. 影响流体密度和重度的因素有(　　)。

(A)温度　(B)压力　(C)管径　(D)介质

72. 零件进行热装时属于(　　)配合。

(A)滑动　(B)间隙　(C)过盈　(D)过渡

73. 灰渣颗粒的硬度取决于(　　)。

(A)煤的含量　(B)煤的含碳量　(C)煤种　(D)燃烧方式

74. 除灰管道磨损与输送的(　　)的浓度有一定关系。

(A)水流　(B)液体　(C)气流　(D)气体

75. 常用热膨胀补偿器有(　　)形式。

(A)Π形(Ω形)弯曲补偿器　(B)波形补偿器

(C)套筒式补偿器　(D)S形补偿器

76. 流动阻力分(　　)两类。

(A)沿程阻力　(B)管道阻力　(C)局部阻力　(D)冲击阻力

77. 逆止阀用于(　　)。

(A)防止管道中的液体倒流　(B)调节管道中的流体的流量及压力

(C)起保证设备安全作用　(D)截止流体流量的作用

78. 碳素钢是(　　)合金。

(A)铁　(B)碳　(C)锌　(D)钢

79. 说明 ϕ16H7/n6 代表(　　)。

(A)基孔　(B)过度　(C)间隙　(D)基轴

80. 机械强度是指金属材料在受外力作用时抵抗(　　)的能力。

(A)弯曲　(B)变形　(C)压缩　(D)破坏

81. 刮削原始平板的正确方法有(　　)两种刮削的方法。

(A)正研　(B)反研　(C)对角研　(D)冲角研

82. 盘根应尽量保存在(　　)的地方。

(A)温度高 (B)温度低 (C)湿度大 (D)湿度小

83. 灰渣的主要成分是( )、氧化钙等。

(A)氧化硅 (B)氧化铝 (C)氧化铁 (D)氧化锌

84. 叶轮前后盖板上的背叶片,起( )的作用。

(A)密封 (B)支撑 (C)增加轴向推力 (D)减少轴向推力

85. 汽蚀会使水泵产生振动和( )。

(A)噪声 (B)流量 (C)扬程 (D)效率下降

86. ( )都是支撑轴的部件,在机械设备中起重要的作用。

(A)轴 (B)轴承 (C)轴瓦 (D)轴座

87. 二氧化碳灭火器的作用是( )而使燃烧停止。

(A)隔绝氧气 (B)消除燃烧物

(C)冷却燃烧物 (D)冲淡燃烧层空气中的氧

88. 焊缝应光滑美观,焊缝的高低宽窄一致,焊缝不允许存在( )等缺陷。

(A)咬边 (B)焊瘤弧坑 (C)表面气孔 (D)表面裂纹

89. 设备维修工作的基本"三化"是( )。

(A)规范化 (B)工艺化 (C)模块化 (D)制度化

90. 液体静压力有( )特性。

(A)液体静压力的方向和作用面垂直,并指向作用面

(B)液体静压力的方向和作用面水平,并指向作用面

(C)液体内部任一点的各个方向的液体静压力均相等

(D)液体内部任一点的各个方向的液体静压力均不相等

91. 阀门的作用是用来( )的。

(A)调节流量 (B)截断水流 (C)调节压力 (D)控制水量

92. 对中小面积轻度烧伤,不可用( )处理。

(A)抹酱油 (B)抹食用油 (C)抹醋 (D)冷水冲洗

93. 旋风除尘器原理主要靠( )达到降尘效果。

(A)离心力作用 (B)撞击 (C)冲击 (D)惯性

94. ( )统称为天然水。

(A)地下水 (B)地表水 (C)处理水 (D)纯净水

95. 离心泵通常绘制( )曲线。

(A)扬程曲线 (B)功率曲线

(C)效率曲线 (D)允许吸上真空高度曲线

96. 正确( ),工作才有安全保障。

(A)穿戴劳动保护用品 (B)使用安全防护器具

(C)穿戴安全保护用品 (D)使用劳动防护器具

97. ( )作为大气污染物的共同之处在于都是一次污染。

(A)二氧化硫 (B)二氧化碳 (C)一氧化碳 (D)氮氧化物

98. 位于( )内的钢厂,应实行二氧化硫的全厂排放总量与各烟囱排放浓度双重控制。

(A)酸雨控制区 (B)排放总量

(C)二氧化硫污染控制区　(D)排放浓度

99. 不具备承压部件的连接形式是(　　)。

(A)焊接　(B)锻接　(C)铰接　(D)铆接

100. 对于密封性能要求高,需要更换、拆卸的部件,宜采用(　　)连接形式。

(A)法兰　(B)螺纹　(C)焊接　(D)铆接

101. 水力旋流器运行中的主要故障是(　　)。

(A)结垢　(B)堵塞　(C)泄漏　(D)磨损

102. 运行分析按组织形式可分为(　　)三种形式。

(A)岗位分析　(B)经济分析　(C)定期分析　(D)专题分析

103. 与同扬程清水泵相比灰渣泵的叶轮(　　)。

(A)直径大　(B)转速高　(C)转速低　(D)直径小

104. 在 CRT 启动输送风机未运行或启动后跳闸,应立即(　　)。严格禁止连续点击"启动"按钮。

(A)点击"停止"按钮　(B)就地查明原因

(C)向上级汇报　(D)记录在记录本

105. 英格索兰空压机的控制方式有:(　　)。

(A)加载控制　(B)卸载控制　(C)调节器控制　(D)自动控制

106. 常见的止回阀有(　　)三种。

(A)开闭式　(B)旋启式　(C)多瓣式　(D)微阻缓闭式

107. 开关运行当中不允许运行人员进行(　　),小车开关在运行中不允许互换使用。

(A)快分闸　(B)慢分闸　(C)慢合闸　(D)快合闸

108. 泵站常用仪表分为(　　)三种。

(A)水计量仪表　(B)水力仪表　(C)电气仪表　(D)传感仪表

109. 沉淀池分为(　　)、出水区四个功能区。

(A)进水区　(B)沉淀区　(C)积泥区　(D)调水区

110. 逆止阀不适用于(　　)。

(A)防止管道中流体倒流　(B)调节管道中流体的流量及压力

(C)起保证设备安全作用　(D)截断管道中的流体

111. 剖视图按剖切面与观察者之间的部分移去的多少(即剖切范围的大小),可分为(　　)。

(A)点剖视图　(B)全剖视图　(C)半剖视图　(D)局部剖视图

112. 组合体按组合形式可分为(　　)。

(A)叠加式　(B)切割式　(C)综合式　(D)分割式

113. 灭火的基本方法有(　　)。

(A)隔离法　(B)窒息法　(C)冷却法　(D)抑制法

114. 除灰低压变压器有(　　)。

(A)过流保护　(B)温度保护　(C)过载保护　(D)振动保护

115. 运行人员应具备"三能"的内容是(　　)。

(A)能分析运行状况　(B)能及时发现故障和排除故障

(C)能掌握一般的维修技能　　(D)能处理电器故障

116. 运行人员应具备“三熟”的内容是(　　)。

(A)熟悉设备、系统和基本原理　　(B)熟悉仪表系统和故障处理

(C)熟悉操作和事故处理　　(D)熟悉本岗位的规程制度

117.“两票”是指(　　)。

(A)工作票　　(B)操作票　　(C)制度票　　(D)维修票

118.“三制”是指(　　)。

(A)交接班制　　(B)设备定期检修制

(C)设备巡回检查制　　(D)设备定期维护轮换制

119. 三相异步电动机的转子，根据构造上的不同，可分为(　　)。

(A)永磁　　(B)绕线　　(C)鼠笼式　　(D)线圈

120. 绘制热力系统图时，原则性热力系统图中(　　)均不绘在图上。

(A)水泵　　(B)阀门　　(C)管道　　(D)管道附件

121. 油隔离泵初次试运行一般分两步进行，即(　　)。

(A)清水试运　　(B)灰浆试运　　(C)稀浆试运　　(D)浓浆试运

122. 三相异步电动机主要由(　　)组成。

(A)轴　　(B)定子　　(C)线圈　　(D)转子

123. 电动机的铭牌能说明该电动机的(　　)。

(A)结构特点　　(B)各项额定数据　　(C)工作方式　　(D)主要参数

124. 一台计算机的基本配置包括(　　)。

(A)主机　　(B)键盘　　(C)显示器　　(D)机箱

125. 灭火器是由(　　)部件组成。

(A)筒体　　(B)器头　　(C)喷嘴　　(D)卡槽

126. 二次回路是指对一次回路及其设备进行(　　)的电路。

(A)测量　　(B)监视　　(C)操作　　(D)保护

127. 全面质量管理的基本要求是(　　)。

(A)全员的质量管理　　(B)全过程的质量管理

(C)全企业的质量管理　　(D)多方位的质量管理

128. 灰渣泵常常出现出力不足和运行不稳定现象的原因是(　　)。

(A)叶轮和护套的磨损　　(B)设备振动

(C)轴封漏水　　(D)通道堵塞

129. 电动机测量绝缘为(　　)。

(A)停电　　(B)验电　　(C)测绝缘　　(D)放电

130. 浑浊度是水中(　　)的综合体现。

(A)泥砂　　(B)黏土　　(C)有机物　　(D)微生物

131.(　　)是心肺复苏，支持生命的三项基本方法。

(A)心脏按摩　　(B)畅通气道

(C)口对口人工呼吸　　(D)胸外按压法

132. 电动机的启动方式有(　　)。

(A)直接启动 (B)降压启动 (C)变频启动 (D)遥控启动

133. 兆欧表的选用应按照(　　)原则进行。

(A)兆欧表的额定电压要与被测设备的工作电压相对应

(B)兆欧表的测量范围要与被测电阻的范围相对应

(C)兆欧表的额定电流要与被测设备的工作电流相对应

(D)兆欧表的测量范围要与被测电压的范围相对应

134. 接地的方式有(　　)。

(A)重复接地 (B)保护接零 (C)保护接地 (D)工作接地

135. 输灰控制系统的操作方式有(　　)。

(A)自动 (B)半自动 (C)手动 (D)就地

136. 危险物品包括(　　)。

(A)易燃易爆物品 (B)病毒类物品 (C)危险化学品 (D)放射性物品

137. 输灰系统总管线堵灰的现象为(　　)。

(A)输灰总管压力等于空气母管压力 (B)输灰母管压力等于空气支管压力

(C)MD 阀两端压差为零,且时间较短 (D)MD 阀两端压差为零,且时间较长

138. 正弦交流电的三要素是(　　)。

(A)最小值 (B)最大值 (C)周期 (D)初相角

139. DW 型自动空气开关有(　　)保护。

(A)过载 (B)过压 (C)欠压 (D)短路

140. 除灰控制系统主要由(　　)部分组成。

(A)CRT 操作台 (B)PLC 柜 (C)就地操作柜 (D)监控器

141. 异步电动机中定子部分由(　　)部分组成。

(A)轴 (B)机座 (C)定子绕组 (D)定子铁芯

142. 异步电动机中转子部分由(　　)部分组成。

(A)转子铁芯 (B)转子绕组 (C)风扇 (D)轴承

143. 离心水泵主要由(　　)导叶、入口管、出口水管及密封装置等组成。

(A)泵壳 (B)底角 (C)叶轮 (D)泵轴

144. 输送风机润滑油的作用是(　　)。

(A)冷却 (B)抗腐蚀 (C)润滑 (D)密封

145. 运行中若在电动机电气回路或在其所带的机械设备上发生(　　)情况者,应立即断开电动机电源开关,拉开电源侧刀闸,事后再向值长汇报。

(A)发生人身伤亡事故 (B)发生设备损坏事故

(C)电动机着火冒烟 (D)冷却塔冒水

146. 采用工作接地方式的目的是(　　)。

(A)降低触电电压 (B)迅速切断故障设备

(C)降低故障设备压力 (D)降低电压设备对地的绝缘水平

147. 电动机温度过高的原因有(　　)。

(A)电动机负荷过大或两相运行 (B)电动机电源电压过高或过低

(C)电动机定子绕组匝间及相间短路或接地 (D)电动机通风不畅,环境温度过高

148. 电动机运行中噪声大的原因有(　　)、电动机定子绕组接线有错误。
(A)电动机转子与定子相互摩擦　　(B)电动机两相运行
(C)电动机转子风叶碰外壳　　(D)电动机轴承严重缺油
149. 输灰系统发生(　　),灰库运行中出现高料位报警,发生火灾、危及系统、设备安全运行时,系统设备严重损坏或危及人身安全时应立即停止输灰。
(A)电器预警　　(B)输灰系统发生泄漏、冒灰
(C)库顶风机停运　　(D)输送风机全部停运
150. 下列叙述中,属于生产中防尘防毒技术措施的是(　　)。
(A)改革生产工艺　　(B)采用新材料新设备
(C)车间内通风净化　　(D)湿法除尘
151. 下列不是漏电保护器作用的是(　　)。
(A)防止短路　　(B)防止人身触电
(C)防止开路　　(D)防止电气设备外壳带电
152. (　　)是万能量具和量仪。
(A)水平仪　　(B)卡尺　　(C)千分尺　　(D)百分表
153. 由(　　)造成高压冷却水泵启动后发现出水量很少或无水无压。
(A)阀门损坏　　(B)电机或泵本身故障
(C)水源(水处理)设备故障或停运　　(D)管道损坏漏气
154. 锤击的基本要求是(　　)。
(A)稳　　(B)重　　(C)准　　(D)狠
155. 装配尺寸包括(　　)。
(A)配给尺寸　　(B)连接尺寸　　(C)界位尺寸　　(D)相互位置尺寸
156. 轴承一般分为(　　)。
(A)滚动轴承　　(B)滑动轴承　　(C)滚珠轴承　　(D)针式轴承
157. 读零件图的方法是(　　)。
(A)看标题栏　　(B)分析图形想象零件的结构形状
(C)分析尺寸标注　　(D)了解技术要求
158. 识读装配图的方法与步骤是(　　)。
(A)概括了解、弄清表达方法　　(B)具体分析,掌握形体结构
(C)分析工作原理和相互关系　　(D)归纳总结,获得完整概念
159. 水泵在启动前排空气的方法有(　　)。
(A)灌水法　　(B)抽真空法　　(C)抽水法　　(D)排空法
160. 安全用电的原则是(　　)。
(A)可靠近高压带电体　　(B)可接触低压带电体
(C)不接触低压带电体　　(D)不靠近高压带电体
161. 在工程热力学中基本状态参数为(　　)。
(A)内能　　(B)压力　　(C)比容　　(D)温度
162. 在除灰管道系统中,流动阻力存在的形式是(　　)。
(A)沿程阻力　　(B)局部阻力　　(C)径向阻力　　(D)纵向阻力

163. 比转数大的水泵,一定是(　　)的水泵。

(A)大流量　　(B)小流量　　(C)大扬程　　(D)小扬程

164. 对电除尘效率影响较大的因素是(　　)。

(A)运行因素　　(B)粉尘特性　　(C)结构因素　　(D)烟气性质

165. 对待事故要坚持"三不放过"的原则,即(　　)。

(A)事故原因不清不放过

(B)事故责任者和广大群众未受到教育不放过

(C)事故不处理不放过

(D)没有防范措施不放过

四、判 断 题

1. pH 值表示稀酸的浓度,pH 值越大,酸性越强。(　　)

2. 企业三废:废水,废气,废渣。(　　)

3. 一般将 pH 值≤5.6 的降雨称为酸雨。(　　)

4. 二氧化硫是形成酸雨的主要污染物之一。(　　)

5. 标态:指烟气在温度为 273K,压力为 101 325 Pa 时的状态。(　　)

6. 湿法脱硫效率大于干法脱硫效率。(　　)

7. 止回阀容易产生气水倒流故障,其原因是阀芯与阀座接触面有伤痕或水垢。(　　)

8. 溶液中氢离子浓度的负对数叫做溶液的 pH 值。(　　)

9. 溶液的 pH 值越高,越容易对金属造成腐蚀。(　　)

10. 水泵轴承安装时,一定要对正,然后才可用铜棒使劲往里砸。(　　)

11. 提高脱硫设备的使用寿命,使其具有较强的防腐性能,唯一的办法就是把金属设备致密包围,有效地保护起来,切断各种腐蚀途径。(　　)

12. 在温度作用下,衬里内施工形成的缺陷如气泡、微裂纹,界面孔隙等受热力作用为介质渗透提供条件。(　　)

13. 泵轴的热校直通常是加热泵轴弯曲的最高点来实现的。(　　)

14. 在日常生活中选用锯条时应根据材料的软硬程度及材料断面的大小来确定。(　　)

15. 当水泵的流量为零时,那么泵的扬程和轴功率也为零。(　　)

16. 游标卡尺与内径千分尺的测量精度相同。(　　)

17. 为了提高钢的硬度,可采用回火处理以改变钢的内部组织结构。(　　)

18. 带表针游标卡尺其表针旋转一周其测量值增加 1 mm。(　　)

19. 内径千分尺也叫螺旋测微器,其测量精度为 0.01 mm。(　　)

20. 燃用中,高硫煤的电厂锅炉必须配套安装烟气脱硫设施进行脱硫。(　　)

21. 烧结烟气排放应配备二氧化硫和烟尘等污染物在线连续监测装置,并与环保行政主管部门的管理信息系统联网。(　　)

22. 并联的负载电阻愈多,则总电阻愈小,电路中总电流和功率也就愈大。(　　)

23. 烟囱烟气的抬升高度是由烟气的流速决定的。(　　)

24. 烟囱越高,越有利于高空的扩散稀释作用,地面污染物的浓度与烟囱高度的平方成反比。(　　)

25. 按最终排烟温度的不同，可将烟囱分为干湿两种。(　　)

26. 从废气中脱除 SO_2 等气态污染物的过程，是化工及有关行业中通用的单元操作过程。(　　)

27. 脱硫技术主要分为燃烧前脱硫和燃烧后脱硫两大类。(　　)

28. 湿法脱硫效率大于干法脱硫效率。(　　)

29. 总的来说，干法脱硫的运行成本要高于湿法脱硫。(　　)

30. 泵用机械密封安装时，弹簧压缩量越大密封效果越好。(　　)

31. 泵用机械密封安装时，动环密封圈越紧越好。(　　)

32. 泵用机械密封安装时，静环密封圈越紧越好。(　　)

33. 泵用机械密封安装时，叶轮锁母越紧越好。(　　)

34. 对于泵用机械密封，使用新的总比旧的好。(　　)

35. 水泵检修时，机械密封拆修总比不拆好。(　　)

36. 启动时水泵的出口门无法打开应立即停泵。(　　)

37. 绘图时图样中所注尺寸为该图样所示机件的最后完工尺寸，否则应另加说明。(　　)

38. 运转中工艺水泵轴承温度不得超过 80℃。(　　)

39. 连续运行的氧化风机应每隔 15 天对入口滤网进行一次清理。(　　)

40. 金属材料的剖面符号是与水平成 45°的互相平行间隔均匀的粗实线。(　　)

41. 泵是把原动机的机械能或其他能源的能量传递给流体，以实现流体输送的机械设备。(　　)

42. 利用液体随叶轮旋转时产生的离心力来工作的水泵称为离心泵。(　　)

43. 泵的输出功率(有效功率)与输入功率(轴功率)之比，称为泵的效率。(　　)

44. 泵的轴功率是指由原动机或传动装置传到泵轴上的功率。(　　)

45. 泵的流量是指单位时间内水泵供出的液体数量。(　　)

46. 泵轴每分钟的转数就是泵的转速。(　　)

47. 机械密封是一种限制工作流体沿轴窜出的非填料性端面密封装置。(　　)

48. 在钻床上钻孔时，不能两人同时操作。(　　)

49. 工作中摆放氧气瓶、乙炔瓶时，二者距离不得小于 5 m。(　　)

50. 轴承的组装温度不得超过 120℃。(　　)

51. 轴承与轴颈配合采用基轴制中的过渡配合。(　　)

52. 转动设备在热装衬套等部件时，要把胶圈密封件等拆下，防止受热损坏。(　　)

53. 泵壳的作用一方面是把叶轮给予流体的动能转化为压力能，另一方面是导流。(　　)

54. 一般吸收塔进气口都有足够的向下倾斜角度，是为了保证烟气的停留时间和均匀分布。(　　)

55. 离心泵轴封装置的作用是在泵轴伸出泵壳的部位，密封转子和泵壳之间的间隙。(　　)

56. 离心泵的大修按程序来讲，就是拆卸、检查并修复、回装三大步骤。(　　)

57. 脱硫后净烟气通过烟囱排入大气时，有时会产生冒白烟的现象，这是由于烟气中含有大量水蒸气导致的。(　　)

58. 阀门粗磨应将麻点或沟痕磨平,可用砂轮片或粗纱布在研磨机上,也可将研磨砂涂抹在研磨机上进行。(　　)

59. 滑动轴承轴瓦与轴之间以 0.04～0.05 mm 的紧度配合最为适宜。(　　)

60. 圆筒形轴承的承载能力与轴颈的圆周速度及润滑油的黏度成正比。(　　)

61. 滚动轴承的游隙分为径向游隙与轴向游隙。径向游隙受下列因素影响,配合紧力将使游隙减小,温度会使游隙增大或减小,因负荷作用游隙将增大。(　　)

62. 水泵采用滚动轴承的特点是轴承间隙小,能保证轴的对中性,摩擦力小,尺寸小,维修方便。(　　)

63. 机械密封的特点是摩擦力小,寿命长,不易泄漏,在圆周速度较大的场合下也能适用。(　　)

64. 轴流泵和混流泵都属于叶片泵。(　　)

65. 为了保持吸收塔内浆液一定的密度,必须定期或连续将吸收塔内生成的石膏浆液排出吸收塔。(　　)

66. 如果发现叶轮有汽蚀空洞时,一般经过车削处理后即可使用。(　　)

67. 发现泵轴有裂纹时,一般经过堆焊处理即可。(　　)

68. 带有导叶的泵在安装时,要求叶轮的出口槽道中心必须对正叶轮的入口槽道中心。(　　)

69. 脱硫系统大小修后,必须经过分段验收,分部试运行,整体传动试验合格后方能启动。(　　)

70. 所谓"点检制",是按照一定的标准、一定的周期,对设备规定的部位进行检查,以便早期发现设备故障隐患,及时加以修理调整,使设备保持其规定功能的设备管理方法。(　　)

71. 内衬用橡胶是目前烟气脱硫装置内衬防腐的首选技术。(　　)

72. 循环泵前置滤网主要作用是防止塔内沉淀物质吸入泵体造成泵的堵塞或损坏,以及吸收塔喷嘴的堵塞和损坏。(　　)

73. 脱硫系统阀门应开启灵活,关闭严密,橡胶衬里无损坏。(　　)

74. 液体的流动阻力一般分为沿程阻力和局部阻力两种。(　　)

75. 水泵检修后的找中心工作,是在联轴器上进行的。(　　)

76. 水泵找中心可在冷态下进行,但需预留一定的中心偏移值。(　　)

77. 水泵的振动都是由轴承的损坏引起的。(　　)

78. 水泵的振动都是由转子平衡不良引起的。(　　)

79. 使用新铸造的导叶时,应将流道打磨光滑,这样可提高水泵的效率。(　　)

80. 烟气入口/出口挡板的密封空气是防止烟气进入脱硫装置的。(　　)

81. 以通过除雾器的喷淋频率来控制吸收塔液位。(　　)

82. 固定支架一般是管道膨胀的死点。(　　)

83. 脱硫塔正常也可使用 2 台搅拌器。(　　)

84. 水泵密封环处的轴向间隙应大于泵的轴向窜动量。(　　)

85. 管道弹簧吊架通常用于自然补偿具有复杂位移的管道。(　　)

86. 利用液体随叶轮旋转时产生的离心力来工作的水泵称为离心泵。(　　)

87. 离心泵轴向推力的平衡方式有平衡孔法、叶轮对称进水法、平衡盘法和推力轴承

法。( )

88. 泵的轴功率是指由原动机或传动装置传到泵轴上的功率。( )

89. 起重机正在吊物时,工作人员不准在吊物下停留或行走。( )

90. 游标卡尺、千分尺等量具使用后一定要清擦干净;如长时间不用,需擦一些机油。( )

91. 水泵的安装高度是受限制的。( )

92. 铸铁的抗拉强度、塑性和韧性比钢差,但有良好的铸造性、耐磨性和减振性。( )

93. 物质发生变化后又生成新的物质的现象叫物理现象。( )

94. 化学变化是物质发生变化后生成新的物质的变化。( )

95. 从能量观点来说,泵是一种转化能量的机器。( )

96. 液体密度是指液体单位体积内含有的重量。( )

97. 液体单位体积内的重量称为液体的重度。( )

98. 两台以上泵并联工作时,其流量不变,扬程增大。( )

99. 前一台泵向后一台泵的吸入口输送液体的方式叫并联。( )

100. 泵用联轴器一般分为四类。( )

101. 垂直作用在物体表面上的力称为压强。( )

102. 物体单位面积上所受到的力叫压力。( )

103. 空气污染物按其形成的过程可分为一次污染物和二次污染物。( )

104. 高烟囱排放是处理气态污染物的最好方法。( )

105. 我们俗称的"三废"是指废水、废气和废热。( )

106. 酸雨属于二次污染。( )

107. "环保三同时"是指环保设施与主体设施同时设计、同时施工、同时投运。( )

108. 二次污染物对人类的危害比一次污染物要大。( )

109. 大气污染是人类活动所产生的污染物超过自然界动态平衡恢复能力时,所出现的破坏生态平衡所导致的公害。( )

110.《环境空气质量标准》(GB 3095—1996)规定,SO_2日平均二级标准为 0.15 mg/m^3(标准状态下)。( )

111. 我国的大气污染属于典型的煤烟形污染,以粉尘和酸雨的危害最大。( )

112. 酸雨控制区和二氧化硫污染控制区简称两控区。( )

113. 二氧化硫是无色而有刺激性的气体,比空气重,密度是空气的 2.26 倍。( )

114. 煤是由古代的植物经过长期的细菌、生物、化学作用以及地热高温和岩石高压的成岩变质作用逐渐形成的。( )

115. 燃烧时脱硫的主要方式是流化床燃烧。( )

116. 燃烧前脱硫就是在燃料燃烧前,用物理方法、化学方法或生物方法把燃料中所含有的硫部分去除,将燃料净化。( )

117. 根据吸附剂表面与被吸附物质之间作用力的不同,吸附可分为物理吸附和化学吸附。( )

118. 化学吸附是由于吸附剂与吸附物间的化学键力而引起的,是单层吸附,吸附需要一定的活化能。( )

119. 物理吸附的吸附力比化学吸附力强。(　　)

120. 物质在静止或垂直于浓度梯度方向作层流流动的流体中传递,是由流体中的质点运动引起的。(　　)

121. 物质在湍流流体中的传递,主要是由于分子运动引起的。(　　)

122. 扩散系数是物质的特性常数之一,同一物质的扩散系数随介质的种类、温度、压强及浓度的不同而变化。(　　)

123. 气体在液体中的扩散系数随溶液浓度变化很大,SO_2在水中的扩散系数远远大于在空气中的扩散系数。(　　)

124. 气体吸附传质过程的总阻力等于气相传质阻力和液相传质阻力之和。(　　)

125. 当总压不高时,在一定温度下,稀溶液中溶质的溶解度与气相中溶质的平衡分压成反比。(　　)

126. 增大气相的气体压力,即增大吸附质分压,不利于吸附。(　　)

127. 对于滑动轴承,顶部间隙应小于两侧间隙。(　　)

128. 水泵的允许真空度就是水泵入口处的实际真空值。(　　)

129. 依靠工作室容积间隙的改变而输送液体的泵称为容积泵。(　　)

130. 经过脱硫的锅炉排烟温度越低越好。(　　)

131. 运行中电动机过热,原因可能是水泵装配不良,动静部分发生摩擦卡住。(　　)

132. 水泵检修完工后试转时,应复查泵与电动机各零部件,盘车检查转动的灵活性。(　　)

133. 水泵叶轮拆卸时,应在各级叶轮上敲上钢印编号及在每级节段上贴上编号以防搞错。(　　)

134. 轴向载荷大及转速较高的水泵,应采用滑动轴承。(　　)

135. 油隔离泵运行时灰浆周期性地吸入和排出缸的容积空间。(　　)

136. 离心泵密封环装在叶轮的进口与叶轮一起转动。(　　)

137. 在生产过程中,为了保持被调量恒定或在某一规定范围内变动,采用自动化装置来代替运行人员的操作,这个过程叫自动调节。(　　)

138. 电动机的铭牌能说明该电动机的结构特点及各项额定数据和工作方式。(　　)

139. 机械零件一般都可以看作是由一些简单的基本几何体组合起来的。(　　)

140. 动配合用于不需要拆卸的连接;静配合用于有相对运动的连接。(　　)

141. 向二次回路供电的电源,称为操作电源。(　　)

142. 电动机从电源吸收的无功功率是用来建立磁场的。(　　)

143. 表面粗糙度常用的主要参数是轮廓算术平均偏差 Ra。(　　)

144. 离心泵叶轮上的叶片普遍为后弯式。(　　)

145. 直导体在磁场中运动一定会产生感应电动势。(　　)

146. 液体为层流时的流速一定小于为紊流时的流速。(　　)

147. 紊流液体与固体壁面紧挨的薄层为层流底层。(　　)

148. 汽蚀是由于水泵入口水的压力等于甚至低于该处水温对应的饱和压力。(　　)

149. 最大极限尺寸与最小极限尺寸之和,称为公差。(　　)

150. 当水泵的工作流量越低于额定流量时,水泵越不易产生汽蚀。(　　)

151. 两台泵串联运行时,前一台泵不易产生汽蚀现象。(　　)

152. 膜合式风压表属于低压仪表,既可测正压也可测负压。(　　)

153. 自感电动势的方向总是与产生它的电流方向相反。(　　)

154. 游标卡尺是测量零件的内径、外径、长度、宽度等的常用工具,新购买回来的卡尺表面涂有一层防护油,装在塑料封套里。(　　)

155. 锉刀是以宽度表示其规格的。(　　)

156. 安装锯条的时候,要使锯齿的前倾面朝前推的方向。(　　)

157. 使用活扳手,应让固定钳口受主要作用力,以免损坏扳手。(　　)

158. 钻头在每 100 mm 长度上有 0.04~0.1 mm 的倒锥。(　　)

159. 锉削平面的基本方法有推锉和顺向锉两种。(　　)

160. 整流变是整流变压器的简称,它是将交流电源电压变换为符合设备需要的电气的设备。(　　)

161. 电路由电源、负载、控制电器、导线等四部分组成。(　　)

162. 按欧姆定律通过电阻元件的电流 I 与电阻两端的电压 U 成正比,与电阻 R 成反比,表达式为 $I=U/R$。(　　)

五、简 答 题

1. 转动机械轴承温度极限值是多少?
2. 灰渣泵停止后,应将哪些阀门关闭?严冬季节还应采取哪些措施?
3. 常用的安全阀有哪些?
4. 环保对锅炉排尘有何限制指标?
5. 烟尘的危害是什么?
6. 消烟除尘的方法主要有哪些?
7. 除尘器运行中对除尘后的烟温有何控制要求?
8. 机械力除尘器常用的有几种?
9. 洗涤除尘器有几种?
10. 发现除尘后烟温升高或报警后应采取哪些措施?
11. 旋风除尘器的原理是什么?
12. 除尘器主要有哪几种类型?
13. 并联工作时泵参数有哪些变化?
14. 给水泵运行中常发生什么故障?
15. 常用材料分为几类?
16. 什么是材料的强度?
17. 截止阀按介质流动方向不同分几种结构形式?
18. 什么叫标准大气压力?
19. 什么是材料的机械性能?
20. 锅炉黑烟中主要成分是什么?
21. 锅炉冒黑烟是如何造成的?
22. 除尘器的主要性能指标包括哪些?

23. 气态污染物有哪些？
24. 影响旋风除尘器效率的因素有哪些？
25. 什么叫视图？
26. 什么是除尘器效率？
27. 表达物体的基本视图有几个？
28. 环保规定工业及采暖锅炉烟尘排放浓度不得超过哪些数值？
29. 影响湿式除尘器除尘效率的因素有哪些？
30. 在运行中滚动轴承损坏的原因及现象有哪些？
31. 什么叫做功？
32. 滚动轴承温度高的原因有哪些？
33. 为什么要对烟气进行预冷却？
34. 简述 1/50 mm 游标卡尺的读数原理。
35. 除尘设备按作用原理分为哪些类型？
36. 何谓形状公差和位置公差？
37. 洗涤除尘器常用的有几种？
38. 什么是除尘效率？
39. 电力系统发生短路的主要原因是什么？
40. 常用泵分为几类？
41. 叶片泵的工作原理是什么？
42. 离心泵的主要参数有哪些？
43. 什么是口对口人工呼吸法？
44. 泵的基本性能参数及曲线有哪些？
45. 灰渣泵轴承寿命过短的原因有哪些？
46. 常用阀门有几种？
47. 环境保护的目的是什么？
48. 常用阀门的连接形式有几种？
49. 什么叫电动机？
50. 什么叫联轴器？
51. 什么是力的三要素？
52. 什么是大气压？
53. 金属的物理性能和化学性能有哪些？
54. 什么叫锅炉？
55. 除尘水泵的作用是什么？
56. 什么是环境污染？
57. 什么是“三同时”原则？
58. 简述湿法脱硫的优点。
59. 石灰石-石膏湿法脱硫工艺有哪些缺点？
60. 为什么离心泵在启动时要在关闭出口阀门下启动？
61. 对吸收塔除雾器进行冲洗的目的是什么？

62. 什么是除雾器的除雾效率？
63. 影响除雾器效率的因素有哪些？
64. 采用脱硫循环池连续换水时，如遇到补水压力降低保不住水位怎么办？
65. 阀门按用途不同分为几类，各类的作用是什么？
66. 试说明沉淀池工作原理及程序。
67. 电动机在运行中有哪几种监测温度变化的方法？
68. 润滑油在各种机械中的作用是什么？
69. 循环泵运行中都有哪些要求？

六、综 合 题

1. 某送水管路，直径 600 mm，输水量 2 520 m^3/h，求管内平均流速是多少？
2. 试述袋式除尘器的应用条件和特点。
3. 已知一电路中电流为 5 A，电阻为 44 Ω，求两相间电压？
4. 某台水泵的流量为 20 L/s，扬程 50 m，效率为 24.5%，求这台泵的轴功率是多少？
5. 输水管道直径 d 为 250 mm，水的平均流速 v 为 1.5 m/s，求每小时通过管道的体积流量 V 是多少？
6. 水泵出口压力表读数 p_2 = 9.604 MPa，大气压力表读数为 p_1 = 101.7 kPa，求绝对压力 p 为多少？
7. 换算 4 500 kg/h 等于多少 t/h，等于多少 kg/s？
8. 除尘工值班时应检查除尘系统的哪些方面？
9. 泡沫板脱硫除尘器如何进行运行操作调整？
10. 沉淀池、蓄水池运行中如何监控调整？
11. 循环水压力和水量对除尘器有何影响，如何控制和调整？
12. 根据控制 SO_2 排放工艺在煤炭燃烧过程中的不同位置，可将脱硫工艺分为几种？
13. 运行中锅炉尾部烟道大量淌水是怎么回事？
14. 酸雨对环境有哪些危害？
15. 机械密封应如何检修？
16. 折流板除雾器的基本工作原理是什么？
17. 泵装置的吸水池或排水池的液面压力或高度变化时，对水泵有何影响？
18. 水泵在运行中的维护有哪些？
19. 水泵启动时打不出水的原因有哪些？
20. 为防止泵内汽蚀，泵用户应采取哪些措施？
21. 试分析水泵不上水的原因及其处理方法。
22. 在运行中的水泵，当其电机电流急剧增大或接近于零时，试分析其原因并说明应采取的措施。
23. 除尘器是如何进行烟气脱硫的？
24. 设备系统的管道如何选择？
25. 试述选择烟气脱硫工艺的主要技术原则。
26. 湿法烟气脱硫对脱硫剂有哪些要求？

27. 烟气脱硫设备的腐蚀原因可归纳为哪四类?
28. 论述阀门的盘根如何进行配制和放置。
29. 论述电动机电压、电流的规定。
30. 煤是由哪些化学成分组成的?
31. 影响气体吸附的因素有哪些?
32. 试述触电急救的基本原则。
33. 轴承箱地脚螺栓断裂如何处理?
34. 论述滚动轴承的工作条件及对轴承钢的性能要求。

除尘设备运行工(中级工)答案

一、填 空 题

1. 植物　2. 黑烟　3. 黑度　4. 250
5. 1 200　6. 1　7. 煤　8. 6 级
9. 150～200℃　10. 麻石水膜除尘器　11. 1.5
12. 轮廓算术平均偏差　13. 微观不平度 10 点高度
14. 轮廓最大高度　15. 微米(μm)　16. 半年　17. 60°
18. 疲劳强度　19. 三视　20. 碱性越强　21. 溶液的 pH 值
22. 循环浆液的 pH 值　23. 结垢和堵塞　24. 吸收塔液位和除雾器压差
25. 氧化风机　26. 15　27. 系统入口烟气含尘量突然超标
28. 设计　29. 截断　30. 低于　31. 5～8
32. 多级离心泵　33. 节圆直径与齿数　34. 化学反应　35. 生成新的物质
36. 泵　37. 密度　38. 10　39. 效率
40. 电能转变为机械能　41. 电路　42. 电动机功率　43. 力
44. 原因　45. 三要素　46. 力矩　47. 关闭检测仪电源
48. 用清水冲洗　49. 增压风机故障　50. 恢复滤布的过滤能力
51. 轴封水门　52. 7　53. 滞留时间　54. 除雾器
55. 大型轴流风机　56. Ca/S 摩尔比　57. 石膏的过饱和度　58. 碳酸钙
59. SO_2的吸收　60. 护法　61. 内力　62. 反转
63. 温度　64. 振动　65. 酸　66. 6
67. 5～6.4　68. 6.4～8.0　69. －30～＋120　70. 450
71. 最后完工　72. 比例　73. 基本视图　74. 阶梯剖
75. 剖面图　76. 45°　77. 投影规律　78. 标注 1 次
79. 抗腐蚀能力　80. 石灰石浆液　81. 较高　82. 二氧化硫
83. 三种　84. 湿法脱硫比干法脱硫高　85. 亚硫酸盐
86. 溶液的酸性越强　87. 玻璃鳞片　88. 吸收塔液位　89. 尺寸数字
90. 互换性能好　91. 吸入高度　92. 齿轮泵　93. 往复泵
94. 螺杆泵　95. 防冻　96. 碱　97. 密封
98. 7　99. 水蒸气　100. 烟煤　101. 0.1～0.5
102. Ca 的利用率越低　103. 前的 60 s 之内　104. 一个星期以上　105. 事故浆液池
106. 24 小时以内　107. 液浸没叶片　108. 叶片　109. 除尘效率
110. 重占地　111. 吸附　112. 脱硫　113. 流量
114. 离心泵　115. 扬程　116. 转速　117. 机械密封

118. 优点	119. 缺点	120. 泵轴	121. 滚动轴承
122. 碳(C)	123. 主厂房380V段	124. 0.15 mg/m^3	125. 可以达到减少结垢
126. 95%	127. 循环泵	128. 简单,高	129. 固体的沉积
130. 对管道冲刷磨损	131. 绝对真空	132. 四次方	133. 摄氏温度(℃)
134. 饱和蒸汽	135. 越大	136. 安全	137. 职业纪律
138. 重度	139. 60%~80%	140. 1	141. 降低
142. 会维护	143. 定时	144. 全面质量管理	145. 劳动
146. 科学管理	147. 修好设备	148. 28~32	149. 劳保皮鞋
150. 技术法规	151. 安全性,经济性	152. 预防和改进	153. 不安全行为
154. 安装工程	155. 安全经济	156. 照明图	157. 工时定额
158. Alt+Esc	159. 管理	160. 岗位责任制	161. 轴颈
162. 烧伤总面积和Ⅲ度烧伤总面积		163. 创新应变型	164. 根部
165. 喷油润滑	166. 蜗杆	167. 加力杆	168. 外观
169. 六个月	170. 温度、压力	171. 2	172. 过盈或过渡

二、单项选择题

1. B	2. C	3. A	4. C	5. A	6. B	7. C	8. B	9. C
10. A	11. B	12. B	13. A	14. C	15. A	16. A	17. C	18. B
19. A	20. B	21. B	22. B	23. A	24. B	25. A	26. B	27. A
28. A	29. B	30. A	31. B	32. A	33. B	34. A	35. B	36. C
37. B	38. B	39. A	40. C	41. A	42. A	43. A	44. B	45. A
46. B	47. A	48. A	49. C	50. C	51. A	52. C	53. B	54. A
55. A	56. B	57. C	58. B	59. C	60. C	61. B	62. B	63. B
64. C	65. D	66. C	67. B	68. A	69. C	70. A	71. B	72. C
73. B	74. C	75. B	76. C	77. B	78. A	79. C	80. B	81. B
82. C	83. C	84. B	85. C	86. A	87. C	88. A	89. B	90. A
91. A	92. A	93. B	94. C	95. C	96. B	97. B	98. D	99. A
100. D	101. B	102. C	103. B	104. B	105. B	106. B	107. B	108. A
109. B	110. B	111. C	112. B	113. B	114. B	115. C	116. A	117. B
118. A	119. A	120. B	121. A	122. B	123. D	124. B	125. D	126. A
127. B	128. B	129. C	130. A	131. B	132. A	133. A	134. A	135. A
136. D	137. C	138. C	139. C	140. C	141. D	142. D	143. A	144. A
145. B	146. B	147. B	148. C	149. B	150. A	151. A	152. B	153. A
154. C	155. C	156. C	157. A	158. A	159. C	160. A	161. B	162. A
163. C	164. B	165. B	166. B	167. B	168. D	169. B	170. D	171. B
172. A	173. A	174. C						

三、多项选择题

1. ABD	2. AB	3. ABCD	4. ABCD	5. ABCD	6. ACD	7. BCD
8. ABC	9. ABC	10. BC	11. ABD	12. BD	13. ABCD	14. BCD

15. ABC 16. ACD 17. ABCD 18. ACD 19. BCD 20. AD 21. BCD
22. BC 23. ABC 24. ABCD 25. AC 26. AD 27. AB 28. AB
29. BC 30. ABD 31. AB 32. ACD 33. AB 34. ABCD 35. ABC
36. ABCD 37. ACD 38. ACD 39. ABD 40. AC 41. ABC 42. ACD
43. ABCD 44. ABC 45. BCD 46. AC 47. AB 48. ABCD 49. ABC
50. CD 51. BC 52. ACD 53. ABCD 54. AD 55. ACD 56. AB
57. AC 58. ABD 59. AD 60. AB 61. ABCD 62. AB 63. AB
64. AB 65. AB 66. AB 67. DC 68. ABCD 69. BCD 70. AD
71. AB 72. CD 73. CD 74. AC 75. ABC 76. AC 77. BCD
78. AB 79. AB 80. BD 81. AC 82. BD 83. ABC 84. AD
85. ABCD 86. BC 87. CD 88. ABCD 89. ABD 90. AD 91. AB
92. ABC 93. AB 94. AB 95. AB 96. AB 97. AB 98. AC
99. BCD 100. ABD 101. AB 102. ACD 103. AC 104. AB 105. ABCD
106. BCD 107. BC 108. ABC 109. ABC 110. BCD 111. BCD 112. ABC
113. ABCD 114. AB 115. ABC 116. ACD 117. AB 118. ACD 119. BC
120. BCD 121. AB 122. BD 123. ABD 124. ABC 125. ABC 126. ABCD
127. ABCD 128. ABCD 129. ABCD 130. ABCD 131. BCD 132. ABC 133. AB
134. ABCD 135. ABCD 136. ACD 137. AD 138. BCD 139. ACD 140. ABC
141. BCD 142. ABCD 143. ABCD 144. ACD 145. ABCD 146. ABD 147. ABCD
148. ABCD 149. BCD 150. ABCD 151. ACD 152. BCD 153. BC 154. ACD
155. ABD 156. AB 157. ABCD 158. ABCD 159. AB 160. CD 161. BCD
162. AB 163. AD 164. ABCD 165. ABD

四、判 断 题

1. × 2. √ 3. √ 4. √ 5. √ 6. √ 7. √ 8. √ 9. ×
10. × 11. √ 12. √ 13. √ 14. √ 15. × 16. × 17. × 18. ×
19. √ 20. √ 21. √ 22. √ 23. × 24. √ 25. √ 26. √ 27. ×
28. √ 29. × 30. × 31. × 32. × 33. × 34. × 35. × 36. √
37. √ 38. √ 39. √ 40. × 41. √ 42. √ 43. √ 44. √ 45. √
46. √ 47. √ 48. × 49. × 50. √ 51. × 52. √ 53. √ 54. √
55. √ 56. √ 57. √ 58. √ 59. × 60. × 61. √ 62. √ 63. √
64. √ 65. √ 66. × 67. × 68. √ 69. √ 70. √ 71. × 72. √
73. √ 74. √ 75. √ 76. √ 77. × 78. × 79. √ 80. √ 81. √
82. √ 83. × 84. √ 85. √ 86. √ 87. √ 88. √ 89. √ 90. √
91. √ 92. √ 93. × 94. √ 95. √ 96. × 97. √ 98. × 99. ×
100. × 101. × 102. × 103. √ 104. × 105. × 106. √ 107. √ 108. √
109. √ 110. √ 111. √ 112. √ 113. √ 114. √ 115. √ 116. √ 117. √
118. √ 119. × 120. × 121. × 122. √ 123. × 124. × 125. × 126. ×
127. × 128. × 129. √ 130. × 131. √ 132. √ 133. √ 134. √ 135. ×

136. × 137. √ 138. √ 139. √ 140. × 141. √ 142. √ 143. √ 144. √
145. × 146. × 147. √ 148. √ 149. × 150. × 151. × 152. √ 153. ×
154. √ 155. × 156. √ 157. √ 158. √ 159. × 160. √ 161. √ 162. √

五、简 答 题

1. 答:转动机械滚动轴承为 80℃,滑动轴承为 70℃(5 分)。

2. 答:灰渣泵停止后,应将泵的出口阀门,轴封水入口阀门,冷却水入口阀门关闭(3 分)。严冬季节,还应将泵内的存水放净(2 分)。

3. 答:重锤式(2 分)、弹簧式(2 分)、脉冲式(1 分)。

4. 答:一是烟尘浓度不得超过 200 mg/m³(2 分);二是二氧化硫浓度不得超过 1 200 mg/m³(2 分);三是烟气的林格曼黑度为 1 级(1 分)。

5. 答:烟尘中对人体最大危害是飘尘(即颗粒小于 10 μm 的尘)(2 分),它是大气中浮游的时间最长的,可达几年,能随人的呼吸进入肺部,能吸附于支气管壁和肺泡壁上,危害人们的身体健康(3 分)。

6. 答:一是掌握煤的特性,加强锅炉运行管理和燃烧调整,保证燃烧质量,降低烟尘排放量(3 分);二是选择不同形式的锅炉及适合的除尘装置(2 分)。

7. 答:现有烟道耐温性较差,因此要对运行烟温进行控制,即实际运行中温度控制在 60℃以下即可(报警数值)(5 分)。

8. 答:常用的有重力除尘器(沉降室)(2 分)、惯性除尘器(1 分)、离心力除尘器(旋风除尘器)(2 分)。

9. 答:常用的洗涤除尘器有喷淋洗涤式(2 分)、泡沫板脱硫式(2 分)、麻石水膜式等(1 分)。

10. 答:除尘后烟温报警后要迅速到现场检查脱硫池水位及水循环是否正常(1 分),除尘水循环水量是否正常并进行适当调整(2 分),如继续升温要与炉前联系停炉事宜(2 分)。

11. 答:由于烟气切向进入除尘器,在离心力作用下获得旋转运动,灰粒在重力作用下被甩出落入下部出灰口,从而达到除尘目的(5 分)。

12. 答:按工作原理可分为机械式除尘器和电气式除尘器(2 分)。在机械式除尘器中又根据是否用水可分为干式和湿式两种(3 分)。

13. 答:并联工作时,泵的扬程不变,流量增大(5 分)。

14. 答:进、出口压力表指针剧烈摆动,平衡盘后压力升高,转子轴向指示位置变动过大,轴封大量漏气,润滑油内进水、轴封冷却水中断(5 分)。

15. 答:常用材料分为金属材料和非金属材料两大类,金属材料又分为黑色金属和有色金属两大类(5 分)。

16. 答:是指材料在外力作用下抵抗塑性变形和破坏的能力(5 分)。

17. 答:分为直通式(2 分)、直流式(2 分)、角式三种(1 分)。

18. 答:即把标准状态下(海拔为 0,温度为 0℃)的大气压定为标准大气压力(5 分)。

19. 答:材料的强度、硬度、弹性、塑性和冲击韧性等统称为材料的机械性能(5 分)。

20. 答:锅炉黑烟中的主要成分是碳黑和碳粒(5 分)。

21. 答:锅炉冒黑烟是燃烧不良造成的(5 分)。

22. 答:除尘器的主要性能指标是指捕尘率(除尘效率)和能捕集颗粒的大小(5分)。

23. 答:气态污染物有硫化物(如二氧化硫)、氮的氧化物和碳的氧化物三种(5分)。

24. 答:有烟气进口速度、烟尘的粒度和浓度、旋风子绝对尺寸及除尘器内壁的光滑程度粗糙程度等(5分)。

25. 答:在机械视图中,常把物体在投影面上的投影称为视图(5分)。

26. 答:除尘器效率是评价除尘器性能的重要指标之一。它是指除尘器从气流中捕集粉尘的能力,常用除尘器全效率、分级效率和穿透率表示(5分)。

27. 答:有六个(2分),常用的为主视图(1分)、俯视图(1分)、左视图(或右视图)(1分)。

28. 答:二类区域烟尘排放浓度不得超过 200 mg/m^3(3分);烟尘中二氧化硫的排放浓度不得超过 1 200 mg/m^3(2分)。

29. 答:主要有:给水压力和给水量是否充足(2分);喷嘴是否齐全,没有堵塞(2分);除尘器是否严密等(1分)。

30. 答:原因:磨损、断油、缺油、轴承损坏、油质差等(2分)。

现象:过热变色、振动、温度升高、振动剧烈并发出刺耳的噪声(3分)。

31. 答:一个物体受到力的作用,如果在力的方向上发生一段位移(3分),我们说这个力对物体做了功(2分)。

32. 答:油位低、缺油或断油;油位过高,油量过多(3分);油质不合格;冷却水中断或不足;轴承有缺陷或损坏(2分)。

33. 答:大多数含硫烟气的温度为 120~185℃或更高,而吸收操作则要求在较低的温度下(60℃左右)进行,因为低温有利于吸收,而高温有利于解析(3分)。另外,高温烟气会损坏吸收塔防腐层或其他设备。因此,必须对烟气进行预冷却(2分)。

34. 答:1/50 mm 游标卡尺,主尺每小格 1 mm(2分)。当两量爪合并时,副尺上的 50 格刚好与主尺上的 49 mm 对正,则副尺每格=49/50=0.98(mm)。主、副尺每格相差 1-0.98=0.02(mm),此差值即为该游标卡尺的精度(3分)。

35. 答:除尘设备按作用原理分有四大类(1分)。它们是机械力除尘器、过滤除尘器、洗涤除尘器和电力除尘器(4分)。

36. 答:形状公差是指单一实际要素的形状所允许的变动全量(2分)。位置公差是指关联实际要素的位置对基准所允许的变动全量(3分)。

37. 答:常用的洗涤除尘器有喷淋洗涤式(2分)、泡沫板脱硫式(2分)、麻石水膜等(1分)。

38. 答:除尘设备所捕集的尘粒质量与进入除尘设备的尘粒质量之比称除尘效率(3分)。以符号 η 表示(2分)。

39. 答:电力系统发生短路的主要原因是电气设备的载流部分的绝缘被破坏(5分)。

40. 答:常用泵大致可分为叶片泵和容积泵两类(5分)。

41. 答:叶片式泵是指通过泵轴旋转时带动各种叶片旋转的泵。如离心泵、混流泵、轴流泵均属此类(5分)。

42. 答:离心泵的主要参数有流量、扬程、转速、功率和效率(5分)。

43. 答:口对口人工呼吸法就是采用人工机械动作(抢救者呼出的气通过伤员的口或鼻对其肺部进行充气以供给伤员氧气)(2分),使伤者肺部有节律地膨胀和收缩,以维持气体交换(吸入氧气排出二氧化碳),并逐步恢复正常呼吸的过程(3分)。

44. 答:泵的基本性能参数有:流量、扬程、轴功率、效率、转速、比转速(2分)。泵的基本性能曲线有:扬程与流量的关系曲线;轴功率与流量的关系曲线;效率与流量的关系曲线(2分);必需汽蚀余量或允许吸上真空高度与流量的关系曲线(1分)。

45. 答:(1)电机轴与泵轴中心不对中(1分)。

(2)轴弯曲(1分)。

(3)泵内有摩擦(1分)。

(4)叶轮失去平衡(1分)。

(5)轴承内进入异物(0.5分)。

(6)轴承装备不合理(0.5分)。

46. 答:常用阀门有闸阀、截止阀、球阀、隔膜阀、止回阀、调节阀、安全阀七种(5分)。

47. 答:是保障人民健康,促进经济与环境协调发展(5分)。

48. 答:阀门的连接形式分法兰连接、螺纹连接和焊接三种(5分)。

49. 答:电动机是一种将电能转变为机械能的电力机械(5分)。

50. 答:联轴器是用来连接两根轴,并传递运动和扭矩作用的装置(5分)。

51. 答:要想充分表达一个力的作用,必须同时说明力的大小,力的方向和力的作用点,这就是力的三要素(5分)。

52. 答:空气作用于地球和地球物体单位表面上的压力叫大气压(5分)。

53. 答:金属的物理性能主要包括密度、熔点、导热性、导电性、热膨胀性和磁性;金属的化学性能主要包括耐腐蚀性、抗氧化性和化学稳定性(5分)。

54. 答:是利用燃料燃烧所释放出的热量或工业生产中的余热生产蒸汽或热水的一种设备(5分)。

55. 答:除尘水泵是为各湿式除尘器提供足够压力的喷淋、冲洗等循环用水(2分)。而循环泵所输送的水也是除尘器排出的灰水经沉淀分离后的循环水(3分)。

56. 答:环境污染是指自然原因与人类活动引起的有害物质或因子进入环境(2分),并在环境中迁移、转化,从而使环境的结构和功能发生变化,导致环境质量下降(2分),有害于人类以及其他生物生存和正常生活的现象,简称为污染(1分)。

57. 答:"三同时"原则是指一切企事业单位,在进行新建、改建和扩建时,其中防止污染和其他公害的设施,必须与主体工程同时设计、同时施工、同时投产(5分)。

58. 答:技术先进成熟,运行安全可靠,脱硫效率较高,适用于大机组,煤质适应性广,副产品可回收等(5分)。

59. 答:初期投资费用太高(1分)、运行费用高(1分)、占地面积大(1分)、系统管理操作复杂(0.5分)、磨损腐蚀现象较为严重(0.5分)、副产品石膏很难处理(由于销路问题只能堆放)(0.5分)、废水较难处理(0.5分)。

60. 答:离心泵在启动时,为防止启动电流过大而使电动机过载,应在最小功率下启动(2分)。从离心泵的基本性能曲线可以看出,离心泵在出口阀门全关时的轴功率为最小,故应在阀门全关下启动(3分)。

61. 答:不断用干净的水冲洗掉除雾器板片上捕集的浆体、固体沉积物,保持板片清洁、湿润,防止叶片结垢或堵塞流道(3分);另外,定期对除雾器冲洗,可以起到保持吸收塔液位、调节系统水平衡的作用(2分)。

62. 答:除雾器在单位时间内捕集到的液滴质量与进入除雾器液滴质量的比值,称为除雾效率(3分)。除雾效率是考核除雾器性能的关键指标(2分)。

63. 答:影响除雾效率的因素很多,主要包括烟气流速(1分)、通过除雾器断面气流分布的均匀性(2分)、叶片结构(1分)、叶片之间的距离及除雾器布置形式等(1分)。

64. 答:这种情况极容易造成脱硫循环泵空转,因此运行人员要果断关闭排污阀(1分),减少池中水量损失(1分),同时对各运行除尘器均衡补水(1分),防止个别除尘器补水量大使循环池水外流(1分),而造成其他除尘器循环池补水量不足(1分)。

65. 答:按用途不同可分为:

(1)关断类,这类阀门只用来截断或接通流体(2分)。

(2)调节类,这类阀门用来调节流体的流量和压力(2分)。

(3)保护类,这类阀门用来起某种保护作用(1分)。

66. 答:沉淀池为两级沉淀(1分)。表面清水经过水滤网直接流入沉淀池尾部的蓄水池内,两级沉淀池下沉淀后的清水进入清水池,由清水泵定期抽送至蓄水池(3分)。两个蓄水池的水主供除尘器用水(1分)。

67. 答:有以下三种方法:(1)手摸(1分);(2)滴水(2分);(3)用温度计测量(2分)。

68. 答:润滑油在各种机械中的作用主要有4个(1分),即:

(1)润滑作用(1分);(2)冷却作用(1分);(3)封闭作用(1分);(4)清洁作用(1分)。

69. 答:(1)循环泵(渣浆泵)启动前要先打开轴封水阀通轴封水,待水压正常后即可启泵运行(2分);(2)启泵后要随时监控调整出水压力及轴封水压,轴封水压要大于泵的出水压力0.1 MPa以上,出水压力完全稳定在一定数值才算正常(3分)。

六、综合题

1. 解:已知 $D = 600\ \text{mm} = 0.6\ \text{m}$

$Q=2\ 520\ \text{m}^3/\text{h} = 0.694\ \text{m}^3/\text{s}$

管路截面积:$S=\dfrac{\pi D^2}{4}=\dfrac{3.14\times(0.6)^2}{4}=0.282\ 6\ \text{m}^2$(5分)

管内平均流速:$v=\dfrac{Q}{S}=\dfrac{0.694}{0.282\ 6}=2.46\ \text{m/s}$(5分)

答:平均流速为2.46 m/s。

2. 答:应用条件:温度低、腐蚀性小、处理气量小、干燥的固体(5分)。

特点:设备结构简单,投资少,性能稳定等(5分)。

3. 解:根据换算公式 $V=IR=5\times44=220\ \text{V}$(10分)

答:该电路两相间电压为220 V。

4. 解:(1)$N_{有}=PQgH/1\ 000=(1\ 000\times20\times10^{-3}\times9.8\times50)/1\ 000=9.8\ \text{kW}$(5分)

(2)$\eta=N_{有}/N_{轴}\quad N_{轴}=N_{有}/\eta=9.8/24.5=40(\text{kW})$(5分)

答:这台泵的轴功率为40 kW。

5. 解:体积流量是 $V=Sv=\pi d^2v/4=\pi\times0.25^2\times1.5\times3\ 600/4=265(\text{m}^3/\text{h})$(10分)

6. 解:绝对压力 $p=p_2+p_1=9.604+101.7\times10^{-3}=9.704(\text{MPa})$(10分)

答:绝对压力 p 为9.704 MPa。

7. 解:1 t=1 000 kg　　4 500 kg=4.5 t

4 500 kg/h=4.5 t/h(5分)

4 500 kg/h=4 500 kg/3 600 s=1.25 kg/s(5分)

答:4 500 kg/h 等于 4.5 t/h,等于 1.25 kg/s。

8. 答:(1)检查水泵是否平稳正常运行,出口压力是否符合要求(2分)。

(2)检查沉淀池水位是否在允许范围内,灰水槽是否有沉积堵塞现象(2分)。

(3)检查各除尘器进水压力(或阀门开度)是否正确,出口排水是否畅通(2分)。

(4)检查各管路、方筒、麻石槽、阀门等是否有漏水和损坏,各除尘器体及烟道是否因磨损而漏风(2分)。

(5)检查线路上各照明是否正常(2分)。

9. 答:(1)启动前应通水检查各循环水及冲洗水入口阀手轮齐全,开关灵活,各喷淋喷嘴齐全无堵塞,压力表校验合格,除尘器内无积灰、结垢、防腐层脱落等现象,试水合格(3分)。

(2)接到司炉准备启炉命令后,要确定循环水母管水量水压是否符合要求,然后开启通往除尘器内的喷淋及冲洗管阀门调整运行水压至规定值(3分)。

(3)运行正常后每两小时检查一次运行情况,各除尘器溢水口应出水正常无沉积和堵塞,检查后将情况和数据记录到交接班表格和记录栏中(3分)。

(4)锅炉停炉时除尘器各进水阀应关小维持一段时间再关闭(1分)。

10. 答:(1)沉淀池灰水水位运行时不能过高(正常应距顶 0.3~0.4 m),否则会影响进水槽水流速度造成沉积(3分)。

(2)进水槽运行中应保证水流顺畅无沉积堵塞和停流,每个运行班应定期搅动槽内灰水加速水流流动(2分)。

(3)清水池内水应及时抽送出去,以保证灰水沉淀分离效率,正常时清水泵投用自动启停水位控制器,但仍要勤检查水泵运行情况以防水泵抽空。发现抽空应及时灌水排气,恢复运行状态(3分)。

(4)蓄水池运行中水位应控制在距池顶 0.6~1 m 范围内,目的是防止水位过高倒流至干灰池或过低影响循环泵正常吸水(2分)。

11. 答:湿式除尘器主要靠水的喷淋、吸附及冲刷等的作用,达到除尘效果(2分)。如果供水压力不足,喷淋式除尘器内就会有灰沉积或粘连,甚至造成堵塞等,降低除尘效率,使排尘浓度增加。如果水量、水压过大会被引风机吸走,造成引风机带水或叶轮粘灰,使风机振动,不能正常运行(3分)。因此,水压、水量都要控制适当(2分)。在正常运行中泡沫板除尘器水压应控制在 0.12 MPa 左右,水膜除尘器略低要控制在 0.02~0.04 MPa,以保证喷嘴稳压运行,提高各除尘器效率(3分)。

12. 答:根据控制 SO_2 排放工艺在煤炭燃烧过程中的不同位置,可将脱硫工艺分为燃烧前脱硫、燃烧中脱硫和燃烧后脱硫(5分)。燃烧前脱硫主要是选煤、煤气化、液化和水煤浆技术;燃烧中脱硫是指清洁燃烧、流化床燃烧等技术;燃烧后脱硫是指石灰石-石膏法、海水洗涤法等对燃烧烟气进行脱硫的技术(5分)。

13. 答:这有可能是除尘循环水量过大,或排渣口堵塞不能及时将水排出,使除尘器内积水且水位不断升高,通过除尘器进口烟道流入锅炉尾部烟道(5分)。严重时可导致锅炉引风量严重不足或停炉。这就要求运行人员勤检查除尘器排渣口流水情况,并及时疏通防止堵塞

(5 分)。

14. 答:酸雨对环境和人类的影响是多方面的。酸雨对水体生态系统的危害表现在酸化的水体导致鱼类减少和灭绝,另外,土壤酸化后,有毒的重金属离子从土壤和底质中溶出,造成鱼类中毒死亡(3 分);酸雨对陆生生态系统的危害表现在使土壤酸化,危害农作物和森林生态系统(3 分)。另外,酸雨还会腐蚀建筑材料,使其风化过程加速(2 分);受酸雨污染的地下水、酸化土壤上生长的农作物还会对人体健康构成潜在的威胁(2 分)。

15. 答:(1)检查机械密封轴套面、动静环摩擦面有无磨损,如磨损严重应换新的(2 分)。

(2)检查弹簧的弹力,形状应良好(2 分)。

(3)检查动静环端面接触棱缘,不能倒角(2 分)。

(4)如动静环有轻微磨损,可上磨床研磨(2 分)。

(5)动环聚四氟乙烯垫及动静环胶圈应无老化、变形、发脆,否则应换新的(2 分)。

16. 答:折流板除雾器利用水膜分离原理实现气水分离(2 分)。当带有液滴的烟气进入人字形板片构成的狭窄、曲折的通道时,流线偏折产生离心力,将液滴分离出来(4 分)。部分液滴撞击在除雾器叶片上被捕集下来,部分液滴粘附在板片壁面上形成水膜,缓慢下流,汇集成较大的液滴落下,从而实现气水分离(4 分)。

17. 答:当吸水池水面或水面压力下降时,相应的有效汽蚀余量值将减小,有导致泵内汽蚀的可能(3 分)。当排水池水面或水面压力下降较大时,将使流量也有较大的增加,这将导致相应必需汽蚀余量的增加,也存在泵内汽蚀的可能性(4 分)。对离心泵来说,流量的增加还会引起相应轴功率的增加,若轴功率增加过多,还有导致电动机过载的可能性(3 分)。

18. 答:(1)按时检查出口压力表指示正常(2 分)。

(2)泵和电机声音无异常,振动不超过 0.05 mm(2 分)。

(3)油室内油位正常,油质良好(1 分)。

(4)电机温度不超过 65℃,轴承温度不超过 75℃(1 分)。

(5)无漏水、漏油现象(1 分)。

(6)切换备用泵时,应先启动备用泵,运行正常后,关闭原运行泵的出口门,再停泵(2 分)。

(7)及时检查泵的运行情况,发现问题及时处理,并做好记录(1 分)。

19. 答:水泵启动时打不出水的原因有:

(1)叶轮或键损坏,不能正常地把能量传给流体(2 分)。

(2)启动前泵内未充满水或漏气严重(2 分)。

(3)水流通道堵塞,如进、出水阀阀芯脱落(2 分)。

(4)并联运行的水泵出口压力低于母管压力,水顶不出去(2 分)。

(5)电动机接线错误或电动机二相运行(2 分)。

20. 答:为防止泵内汽蚀的措施主要有:

(1)对于在易发生汽蚀条件下工作的泵,应尽量选用抗汽蚀性能好的泵,如必需汽蚀余量低、泵材料耐汽蚀性能好等(3 分)。

(2)在选择、布置泵的吸水管路系统时,要保证有足够大的有效汽蚀余量,使 $NPSH\mathrm{a} > [NPSH]$。此外,应尽可能地减小吸水管路的流动阻力损失,以提高有效汽蚀余量(4 分)。

(3)泵运行中用阀门调节流量时,只能用出水管路上的阀门调节流量,不允许用吸水管路上的阀门调节流量。因为在吸水管路上节流,会使 $NPSH\mathrm{a}$ 降低,$NPSH\mathrm{r}$ 增加(3 分)。

21. 答:水泵不上水的原因有:

(1)泵内有空气(1分)。

(2)盘根漏气或入口端盖不严(1分)。

(3)进水门没开(0.5分)。

(4)门芯脱落或泵内有杂物(1分)。

(5)水泵倒转(0.5分)。

(6)水箱无水或水位太低(1分)。

处理方法:

(1)进水排气,拧开放气螺栓放气(1分)。

(2)更换盘根以消除漏气或紧固端盖(1分)。

(3)开进水门(0.5分)。

(4)联系检修处理或消除杂物(1分)。

(5)联系电气倒换接线(1分)。

(6)提高水箱水位(0.5分)。

22. 答:首先检查泵的出水压力是否改变(2分),如无变化或波动很小,则说明泵轴微变形,使摩擦力增大,运行电流增大(2分),当泵出现微振动时,则需立即打开备用泵,再停下运行泵,然后联系检修(2分)。如泵体急剧振动时,则必须先打开备用泵,再停下运行泵,然后联系检修(2分);如出水压力接近零,则可能是泵轴断裂,使电机空转,电流接近于零,此时必须先打开备用泵,再停下运行泵,然后联系检修(2分)。

23. 答:脱硫系统由脱硫循环池、脱硫循环泵、喷管及净化元件等组成(2分)。其工作程序是:循环池的水由脱硫循环泵抽送到高效净化元件上部由喷管喷出,均匀下降的水穿过高效净化元件与烟气充分接触,将烟气中大部分 SO_2 和细烟尘除去(3分)。而中和药品经搅拌箱加水搅拌后形成碱性溶液,由加药泵输送到各除尘器的脱硫循环池中,经中和反应后使的水酸性降低,又通过脱硫泵不断抽送上去,如此循环使用(3分)。脱硫生成物及细灰尘则通过脱硫循环池底部的排污管经排水槽排入沉淀池中(2分)。

24. 答:管道的材料应依据输送介质的种类和材料需承受的最大运行温度来选择(2分)。管道横截面以及内径是根据预先给出的容积流量和选择的流速计算出来的,在计算时须考虑压力损失(2分)。计算管道壁厚度时需要知道最大运行压力、管道材料强度特性及管道直径(2分)。管道走向也应该在早期规划阶段就了解并确定下来,这样就能保证外部的或内部的影响因素尽可能的小,如压力损失、热力损失、固定和浮动支点支架受力等(4分)。

25. 答:(1)二氧化硫排放浓度和排放量必须满足国家和当地环保要求(1分)。(2)脱硫工艺适用于已确定的煤种条件,并考虑到燃煤含硫量在一定范围内变动的可靠性(2分)。(3)脱硫率高、技术成熟、运行可靠,并有较多的应用业绩(1分)。(4)尽可能节省建设投资(1分)。(5)布置合理,占地面积少(1分)。(6)吸收剂、水和能源消耗少,运行费用较低(1分)。(7)吸收剂有可靠稳定的来源,质优价廉(2分)。(8)脱硫副产物、脱硫废水均能得到合理的利用或处置(1分)。

26. 答:在湿法烟气脱硫中,吸收剂的性能从根本上决定了 SO_2 吸收操作的效率。因此,湿法烟气脱硫对吸收剂的性能有一定的要求(1分)。

(1)吸收能力高。要求对 SO_2 具有较高的吸收能力,以提高吸收速率,减少吸收剂的用量,减少设备体积并降低能耗(2 分)。(2)选择性能好。要求对 SO_2具有良好的选择性能,对其他组分不吸收或吸收能力很低,确保对 SO_2具有较高的吸收能力(2 分)。(3)挥发性低,无毒,不易燃烧,化学稳定性好,凝固点低,不发泡,易再生,黏度小,比热容小(2 分)。(4)不腐蚀或腐蚀小,以减少建设投资及维护费用(1 分)。(5)来源丰富,容易得到,价格便宜(1 分)。(6)便于处理及操作,不宜产生二次污染(1 分)。

27. 答:(1)化学腐蚀。即烟道之中的腐蚀性介质在一定温度下与钢铁发生化学反应,生成可溶性铁盐,使金属设备逐渐腐蚀(2 分)。(2)电化学腐蚀。即金属表面有水及电解质,其表面形成原电池而产生电流,使金属逐渐锈蚀,特别在焊缝接点处更易发生(2 分)。(3)结晶腐蚀。用碱性液体吸收 SO_2后生成可溶性硫酸盐或亚硫酸盐,液相则渗入表面防腐层的毛细孔内。若锅炉不用,在自然干燥时,生成结晶型盐,同时体积膨胀使防腐材料自身产生内应力,从而使其脱皮、粉化、疏松或裂缝损坏。闲置的脱硫设备比经常使用的脱硫设备更易腐蚀(4 分)。(4)磨损腐蚀。即烟道之中固体颗粒与设备表面湍动摩擦,不断更新表面,加速腐蚀过程,使其逐渐变薄(2 分)。

28. 答:把盘根紧紧裹在直径等于阀杆直径的金属杆上,用锋利的刀子沿着 45°的角把它切开,把做好的盘根环一圈一圈地放入填料盒中,各层盘根环的接口要错开 90°～120°(3 分)。每放入两圈,要用填料压盖紧一次(4 分)。阀门换好盘根后,填料压盖和填料盒的上下间隙应在 15 mm 以上,以便再次紧压盖螺栓时有余量(3 分)。

29. 答:(1)电动机正常运行时,允许电压在额定值+10%～−5%范围内变动,可保持出力不变(3 分)。(2)电压低于额定值时,电动机电流可以相应增加,但最大不宜超过额定电流的 10%,并且必须监视外壳及出口风温不超过规定(4 分)。(3)电动机在额定出力运行时,相间不平衡电压不得超过 5%,三相电流不平衡值不得超过额定值的 10%,且任何一相电流不得超过额定值(3 分)。

30. 答:煤是一种固体可燃有机岩,主要由植物遗体经生物化学作用,埋藏后再经地质作用转变而成,俗称煤炭(2 分)。煤中有机质是复杂的高分子有机化合物,主要由碳、氢、氧、氮、硫和磷等元素组成,而碳、氢、氧三者总和占有机质的 95%以上(2 分)。煤中的无机质也含有少量的碳、氢、氧、硫等元素。碳是煤中最重要的组分,其含量随煤化程度的加深而增高(2 分)。泥煤中碳含量为 50%～60%,褐煤为 60%～70%,烟煤为 74%～92%,无烟煤为 90%～98%(2 分)。煤中硫是最有害的化学成分,煤燃烧时,硫转化成 SO_2,腐蚀金属设备,污染环境(2 分)。

31. 答:(1)操作条件。低温有利于物理吸附,适当升温有利于化学吸附。增大气相的气体压力,即增大吸附质分压,有利于吸附(2 分)。(2)吸附剂的性质。如孔隙率、孔径、粒度等,影响吸附剂的表面积,从而影响吸收效果(2 分)。(3)吸附质的性质与浓度。如临界直径、相对分子质量、沸点、饱和性等影响吸附量(2 分)。(4)吸附剂的活性。吸附剂的活性是吸附能力的标志(2 分)。(5)接触时间。在进行吸附操作时,应保证吸附质与吸附剂有一定的接触时间,使吸附接近平衡,充分利用吸附剂的吸附能力(2 分)。

32. 答:触电急救的基本原则:

(1)当发现有人触电,应设法使触电者脱离电源(2 分)。

(2)当触电者安全脱离电源后,应施行人工呼吸和胸外心脏按压(2 分)。

(3)抢救触电者一定要在现场或附近就地进行(2 分)。

(4)救治要坚持不懈地进行(1分)。

(5)救护人员在救治他人的同时,要切记注意保护自己(1分)。

(6)若触电人所处的位置较高,必须采取一定的安全措施,以防断电后,触电者从高处摔下(2分)。

33. 答:(1)对地脚螺栓选择太小的,应重新选择予以更换(4分)。

(2)其他原因断裂的,应先消除断裂的因素,对断裂的螺栓可焊接处理或更新。焊接的方法:先将折断的螺栓清理干净,不得有油污、锈蚀等质杂,并打磨光亮,然后将焊口制成45°斜接口,并打好坡口,焊接前用烤把预热到500～550℃,焊后用石棉灰进行保温,使其缓冷作回火处理(6分)。

34. 答:滚动轴承在工作时承受压力,而且集中着周期性变负荷(4分)。同时,滚珠与轴承内外套之间的触面极小,工作时不但存在着转动而且由于滑动而产生极大的摩擦,因此对轴承钢的要求是:具有高而均匀的硬度和耐磨性,高的弹性极限和接触疲劳度,有足够韧性和淬透性,同时在大气或润滑剂中,具有一定的抗蚀能力(6分)。

除尘设备运行工(高级工)习题

一、填空题

1. 10 MPa定压情况下，温度在4℃时，空气的密度为(　　)kg/m^3。
2. 1.6 MPa定压下，温度在200.4℃时，1 kg蒸汽的体积是(　　)m^3。
3. 1.6 MPa定压下，温度在200.4℃时，1 kg蒸汽的质量是(　　)kg。
4. 常压下，当温度在3～5℃时，水的密度是(　　)kg/m^3。
5. 常压下，当温度达100℃时，水的密度为(　　)kg/m^3。
6. 高压整流变压器不允许开路，空载试验时间最多不超过(　　)。
7. 转动机械的地脚螺栓不垂直度允许偏差为螺栓长度的(　　)。
8. 在一个泵轴上串有两个以上的叶轮叫(　　)。
9. 泵轴按照水平位置设计安装的泵叫(　　)。
10. 泵轴按照垂直位置设计安装的泵叫(　　)。
11. 压力低于(　　)MPa的离心泵属于低压泵。
12. 中心规的用途是划(　　)中心线的。
13. 联轴器不但能(　　)，还能补偿机件安装制造误差、缓和冲击和吸收振动。
14. 压力在(　　)MPa之间的泵属于中压泵。
15. 压力高于(　　)MPa的泵属于高压泵。
16. 闸阀和截止阀属于(　　)类阀门。
17. 真空阀的工作压力应(　　)标准大气压力。
18. 节流阀和调节阀应属于(　　)类阀门。
19. 疏水器是(　　)类阀门。
20. 两台或两台以上的泵同时向同一管路输送液体的工作方式叫(　　)。
21. 并联工作泵的扬程不变流量(　　)。
22. 前一台泵直接向后一台泵吸入输送液体的工作方式叫(　　)。
23. 串联工作时，泵的流量不变，扬程(　　)。
24. 泵用联轴器一般为(　　)爪型联轴器。
25. 两个或两个以上的电阻依次相连，中间无分支的连接方式叫电阻的(　　)。
26. 两个或两个以上的电阻其两端分别接在一起，连接在电路中称为(　　)。
27. 烟气挡板设有密封气的主要目的是为了(　　)。
28. 因工作需要，拆开电源线的检修工作完成后，必须对循环泵电机进行单电机试转，主要目的是为了检查电机(　　)。
29. 吸收塔内水的消耗主要是(　　)。
30. 用工艺水进行除雾器的冲洗的目的有两个，一个是防止除雾器的堵塞，另一个是(　　)。

31. 当吸收塔内浆液 pH 值过低(<4.0)时,应(　　)。

32. 若除雾器清洗不充分将引起结垢和堵塞,当这种现象发生时,可从经过除雾器的烟气(　　)的现象来判断。

33. 当脱硫系统中 pH 计故障时,则至少人工每(　　)化验一次,然后根据 pH 值来控制石灰石浆液的加入量。

34. 袋式除尘器的分类主要依据其结构特点进行,如滤袋形状、过滤方向、(　　)以及清灰方式。

35. 电流所流过的路径称为(　　)。

36. 电流流过用电器时,将电能转换为其他形式的能,叫(　　)。

37. 电流在 1 s 内做的功称为(　　)。

38. 导体对电流的阻碍作用称为(　　)。

39. 电流通过导体,使导体发热的现象叫电流的(　　)。

40. 操作人员监视运行中的电气控制系统常用(　　)和摸等方法。

41. 操作人员若发现电气系统异常应立即(　　)。

42. 轴瓦的径向间隙一般为轴直径的(　　)。

43. 发现三相鼠笼电动机反转,可通过调换(　　)的方法解决。

44. 百分表的示值误差为(　　)mm。

45. 厚薄规是用来检验两个相结合面之间的(　　)的片状量规。

46. 只需在工件的一个表面上划线后,即能明确表示(　　)。

47. 掌握煤的特性是(　　)消烟除尘的主要方法之一。

48. 现在最普遍的除尘器大部分为(　　)结构。

49. 滚动轴承过热变色是指轴承工作温度超过了(　　)。

50. 三相异步电动机接通电源后启动困难,转子左右摆动,有强烈的“嗡嗡”声,这是由于(　　)。

51. 对轮找中心常采用(　　)进行测量。

52. 单位体积气体中所含粉尘(　　)称为气体中的粉尘浓度。

53. 液体单位体积的重量称为液体的(　　)。

54. 原动机械传给泵轴的功率叫(　　)。

55. 一期脱硫氧化风机出口减温水应在(　　)投入。

56. 脱硫氧化风机出口减温水应在(　　)投入。

57. 石膏的分子式是(　　)。

58. 吸收塔采用空喷淋塔,内部无填充物,吸收塔烟气入口向下倾斜(　　),保证烟气进入塔内的分布均匀,防止浆液中固体颗粒在入口处沉积。

59. 石灰石的细度会影响它的溶解,进而影响(　　)。

60. 吸收塔内二氧化硫的吸收速率随 pH 值的降低而(　　)。

61. 吸收塔外应设置供检修维护的平台和扶梯,平台设计荷载不应小于 4 000 N/m^2,平台宽度不小于(　　)m,塔内不应设置固定式的检修平台。

62. 运行中的氧化风机各油箱的油位不得低于油位计的(　　)。

63. 为防止脱硫系统失电引起的事态扩大,系统电源在(　　)小时内不能恢复,应将所有泵、管道及浆罐内的浆液排尽。

64. 喷淋层喷嘴的作用是将(　　)均匀的喷出,以使烟气和它充分地接触。

65. 泵与风机是把机械能转变为流体的(　　)的一种动力设备。

66. 旋流器运行当中发生"溢流跑粗"现象,可能是(　　)原因造成的。

67. 吸收塔吸收区的高度一般指入口烟道到中心线至(　　)的距离,这个高度决定了烟气与脱硫剂的接触时间。

68. 7806 型滚动轴承、3538 轴承、203 轴承的内径尺寸分别为(　　)。

69. 脱硫系统临时停运时,一般不会停止运行的是(　　)。

70. 长期停运的脱硫系统在第一次启动时,首先应投入(　　)。

71. 湿法脱硫系统中,气相的二氧化硫经(　　)从气相溶入液相,与水生成亚硫酸。

72. 脱硫系统长期停运前,粉仓内应(　　)。

73. 脱硫塔内所有金属管道的腐蚀属于(　　)。

74. 当吸收塔液位过高时,禁止(　　)。

75. 循环水泵的轴封是采用(　　)密封装置。

76. (　　)是离心泵的主要部件装在轴上使流体获得能量。

77. (　　)就是指碳黑和飞灰。

78. 低压锅炉压力在(　　)MPa 以下。

79. 锅炉压力的法定计量单位是(　　)。

80. 小型锅炉的蒸发量一般小于(　　)t/h。

81. 沉淀池倒运后要及时将运行池的拦灰(　　)复位。

82. 循环水泵正常运行时要(　　)进出口阀门,保证水压。

83. 工作压力大于 10 MPa 的阀门属于(　　)阀门。

84. 除尘器在运行中,值班员应每(　　)检查一次运行情况。

85. 除尘运行值班员应随时检查各(　　)和除尘器的运行情况。

86. 湿式除尘器共有二路水循环系统:一是(　　);二是脱硫水循环系统。

87. 渣浆泵是双泵壳结构,泵体泵盖带有可更换的内衬,轴封装置采用(　　)密封。

88. 除尘后烟温超高原因主要是除尘循环水、(　　)量异常而造成,因此只要检查和调整好这两方面问题即解决。

89. 吸收塔喷淋组件之间的距离是根据所喷液滴的有效喷射轨迹及(　　)而确定的,液滴在此处与烟气接触,SO_2通过液滴的表面被吸收。

90. 石膏水力旋流器有双重作用,一个是石膏浆液预脱水,另一个是(　　)。

91. 进入水力旋流器的石膏悬浮切向流产生(　　),重的固体微粒抛向旋流器壁,并向下流动。

92. 清洗周期控制与吸收塔浆液池液位、(　　)联锁。

93. 为保护吸收塔搅拌器不会因空转而发生故障,搅拌器在收到吸收塔低液位信号后将(　　)。

94. 吸收塔循环浆液中 $CaSO_4$ 的连续生成导致溶液的过饱和,进而产生了(　　)。

95. 投运加药系统应根据 pH 值所反馈数据而定:当脱硫循环池水的 pH 值小于 5 时,操作室监控仪表即(　　)操作人员加药。

96. 渣浆泵启泵后要随时监控调整出水压力及轴封水压，轴封水压要大于泵的出水压力(　　)以上，出水压力完全稳定在一定数值才算正常。

97. 渣浆泵启动前要先打开(　　)阀通轴封水，待水压正常后即可启泵运行。

98. 沉淀池停运后应手动运行(　　)加强抽水速度，以提高沉淀及清灰效率。

99. 轴封水主要作用是冷却轴封装置和禁止泵内循环水外流，所以要求轴封水压一定(　　)泵的出水压力。

100. 除尘器上部净化板主要作用是利用水与净化板的充分接触将烟气中残留的(　　)及尘被吸附后除去。

101. 脱硫循环系统都由脱硫循环池、(　　)、喷管及净化元件等组成。

102. 脱硫循环泵一般情况下的小故障处理，停泵时间不超过(　　)。

103. 利用活塞上下运动输送液体的泵叫(　　)。

104. 离心泵与电机的联轴器必须装有(　　)才能安全运行。

105. 沉淀池运行中，应经常检查疏通(　　)和水槽以防止沉积堵塞。

106. 当清水泵运行中不出水或无压力时，应及时(　　)并查明原因。

107. 清水泵自动控制停止水位线为(　　)m。

108. 挡板密封风机的主要作用是防止(　　)。

109. 除雾器叶片之间的距离越小，(　　)。

110. 对除雾器进行冲洗时，必须考虑(　　)。

111. 当含尘气体进入袋式除尘器通过滤料时，粉尘被阻在其表面，(　　)则通过滤料的缝隙排出，完成过滤过程。

112. 启动氧化风机前如果没有打开出口门会造成(　　)。

113. 运行中发现油站油过滤器前后压差过高时，首先应(　　)。

114. 运行中的石灰石浆液连续不断地输送到(　　)，进行脱硫。

115. 脱硫系统停用时间超过(　　)，需将石灰石粉仓中的石灰石粉用空，以防止积粉。

116. 我国的大气污染物排放标准中烟囱的有效高度指(　　)。

117. 蓄水池水面如发现有(　　)浮出应及时捞抓清除。

118. 清扫地面时严禁将(　　)冲入集污水沟内，以防止堵塞。

119. 引风机入口烟道的脱水器是把除尘器出口烟道带出的水分进行分离，防止进入(　　)内。

120. 运行期间，值班员除了通过室内仪表监控除尘器运行的有关参数，还必须每(　　)到现场巡检设备。

121. 除尘器主要靠水在除尘器中的旋流、喷淋等作用，将烟气中的(　　)吸附分离出来达到除尘和净化烟气目的。

122. 除尘后烟温报警后要迅速到现场检查(　　)及水循环是否正常，除尘水循环水量是否正常并进行适当调整，如继续升温要与炉前联系停炉事宜。

123. 随时查看运行的除尘循环泵轴承箱(　　)应正常充足无泄漏。

124. 及时倒换(　　)和对脱硫循环池的换水，保持除尘循环水和脱硫循环水的清洁。

125. 计算空气过量系数必须分析烟气中二氧化碳、(　　)和一氧化碳的含量。

126. 测锅炉出力的孔板流量计应安装在(　　)上。

127. 热电阻与热电偶是(　　)测量中的测温元件。

128. 热电偶可以用来测(　　)℃范围内的液体、气体和固体表面的温度。

129. 现场校对压力表时,若(　　)与被校表的三次读数的平均值之差未超出被校表的允许误差,则为合格。

130. FGD工艺过程中,有多个工艺变量会影响系统的脱硫效率。但随着污染物排放标准的日趋严格,FGD系统几乎都采用(　　)来控制系统的脱硫效率。

131. FGD运行中,若吸收塔入口烟尘含量过高,甚至导致pH值异常时,可采取的措施是(　　)。

132. 石灰石的(　　)会影响它的溶解,进而影响脱硫效率。

133. 水力旋流站的运行压力越高,则(　　)。

134. 位于酸雨控制区和二氧化硫污染控制区内的火力发电厂应实行二氧化硫的全厂排放总量与各烟囱(　　)双重控制。

135. 在SO_2采样过程中,采样管应加热至(　　)℃,以防测定结果偏低。

136. 为了充分利用吸收剂并保持脱硫效率,应将循环浆液的密度控制在(　　)kg/m^3。

137. 安全技术操作规程是(　　)安全生产的法规,必须严格遵守。

138. 各级、各类人员在各自岗位上都应执行(　　)责任制。

139. 叶轮找动平衡之后,振动不能超过(　　)mm。

140. 键的种类有轻负荷键和重负荷键。轻负荷键根据形状和用途划分,断面呈方形,它承受轻中负荷。安装时,两侧紧配合后,键槽顶部留有微小的间隙,它称为(　　)。

141. 灰浆泵的叶轮使用周期一般在(　　)h左右。

142. 一个组织的活动、产生或服务中能与环境相互作用的要素叫做(　　)。

143. 减速器齿轮应光滑无磨损,牙齿接合面应在90%以上,齿轮牙齿磨损(　　)时要调换。

144. 湿式除尘器要求供水(　　)必须稳定,否则影响效率。

145. 由几个螺杆啮合在一起组成的泵叫(　　)。

146. 电除尘的除尘效率一般为(　　)。

147. 电除尘器运行过程中烟尘浓度过大,会引起电除尘的(　　)现象。

148. 泵轴一般采用的材料为(　　)。

149. 表示物体冷热程度的物理量叫(　　)。

150. 滚动轴承装配在箱体时应采用(　　)制。

151. 锅炉烟囱的高低与锅炉(　　)大小、燃烧方式等有关。

152. 除尘器如果漏风,其(　　)会下降很多。

153. 表示成套装置或设备中一个结构单元内连接关系的一种接线图称为(　　)。

154. 一张能清楚完整表达零件形状、大小和技术要求的图样叫(　　)。

155. 正确穿戴(　　)保护用品和使用安全防护器具,工作才有安全保障。

156. 除尘器的主要性能指标是指(　　)和能捕集颗粒的大小。

157. 碳钢中的基本金相组织有(　　)、马氏体、铁素体。

158. 离心泵的效率在(　　)左右。

159. 在脱硫系统运行时,运行人员必须做好运行参数的纪录,至少应每(   )h一次。

160. 当通过吸收塔的烟气流量加大时,系统脱硫效果可能会(   )。

161. 离心泵主要由(   )个零部件组成。

162. 两台以上泵同时向一个管路输送液体的方式叫(   )。

163. 湿式除尘器要求供水(   )必须稳定,否则影响效率。

164. 在平行投影中投影线与投影面(   )时的投影称正投影。

165. 单位电量从导体一端移向另一端所放出的能量称为(   )。

166. 国家标准规定大气含尘量不允许超过(   )。

167. 离心泵在运行过程中,一般要求轴承温度不能超过(   )。

168. 水泵启动时,出口门无法打开,应(   )。

169. 为防止汽蚀现象,离心泵在运行时,其吸入口的液流压力必须(   )此时液流温度的汽化压力。

170. 由作业时间、布置工地时间、必须休息和生活时间以及准备和结束时间共同构成了(   )的内容。

171. 高压阀门是指工作压力在(   )MPa之间。

172. 常温阀门是指工作温度在(   )℃范围的阀门。

173. 物体单位面上所受的内力叫(   )。

174. 物体的内部或一部分与另一部分之间相互作用的力称为(   )。

175. 各项安全技术操作规程是确保安全生产的(   )必须严格遵守。

176. 把钢加热到A_{C3}或A_{Cm}以上30~50℃经过恒温后,置于空气中冷却,这种操作过程称为(   )。

177. 采用地脚螺栓固定的转机基础螺帽拧紧后螺栓应露出(   )扣。

178. 梯形螺纹直径32,导程12,双头,公差5P,左旋的规定代号为(   )。

179. 职工必须(   )穿戴劳动保护用品和使用安全防护器具,必须自觉接受安全管理人员的监督和检查。

180. 除尘器体和烟道(   )会严重降低和影响除尘效率。

181. 日常生活中照明电路的接法为(   )。

182. 低电压继电器的常开触头闭合的条件是(   )。

183. 用ϕ8 mm的麻花钻头钻孔时,应选用的钻头装夹工具是(   )。

184. 装配图的主视图的位置一般按(   )放置。

185. 在公差带图中,一般靠近零线的那个偏差为(   )。

186. 在装配空间很小旋紧或拆卸螺母时应使用(   )。

187. 将一个程序项图标从Windows的一个窗口复制到另一个窗口,在用鼠标拖动此图标前,需按住(   )键。

188. 在焊接过程中,发现熔化金属自坡口背面流出形成穿孔的缺陷称为(   )。

189. MPT型灭火器的存放温度应在(   )之间,不宜过高或过低。

190. 冬季在低于零下(   )进行露天高处工作,必要时应该在施工地区附近设有取暖的休息所;取暖设备应有专人管理,注意防火。

191. 装配图的特殊画法包括(   )、假想画法、展开画法和简化画法。

192. 有源两端网络和它的等效电压源，在变换前后，应保证外接负载电阻电压的(　　)不变。

二、单项选择题

1. pH 值可用来表示水溶液的酸碱度，pH 值越大，(　　)。
(A)酸性越强　(B)碱性越强　(C)碱性越弱　(D)酸性越弱
2. 水力旋流器运行中的主要故障是(　　)。
(A)腐蚀　(B)结垢和堵塞　(C)泄漏　(D)硬性故障
3. 脱硫系统临时停运时，一般不会停止运行的是(　　)。
(A)工艺水系统　(B)吸收塔系统　(C)烟气系统　(D)除尘水系统
4. 脱硫塔内所有金属管道的腐蚀属于(　　)。
(A)全面腐蚀　(B)点腐蚀　(C)晶间腐蚀　(D)局部腐蚀
5. 烟气通过烟囱排入大气时，有时会产生冒白烟的现象。这是由于烟气中含有大量(　　)导致的。
(A)粉尘　(B)二氧化硫　(C)水蒸气　(D)氮氧化物
6. 正常运行工况下，煤中含硫量的设定值应为(　　)。
(A)化验结果　(B)根据 SO_2 排放浓度值自行设定
(C)领导通知　(D)根据 SO_2 排放量确定
7. 运行工况无任何变化，当 SO_2 排放浓度突变时应(　　)。
(A)立即修改脱硫数值　(B)通知化验员进行化验
(C)无所谓　(D)汇报领导
8. 变频器的调速主要是通过改变电源的(　　)来改变电动机的转速。
(A)电压　(B)频率　(C)相位　(D)以上都要变化
9. 在相同的工作环境下，下列哪种类型的执行机构响应速度较慢(　　)。
(A)液动　(B)电动　(C)气动　(D)无法区别
10. 气动调节执行机构动作缓慢或不动时，最可排除在外的原因是(　　)。
(A)阀门内部结构卡涩　(B)气源的进气路有泄漏
(C)调节机构的反馈装置没调整好　(D)气缸内部活塞密封不好
11. 带变频调速的螺旋给料机在运行中突然跳停，最不可能的原因是(　　)。
(A)变频器故障　(B)给料电动机本体温度高
(C)机械传动部分卡涩　(D)机械传动齿轮链条断裂
12. 离心泵的效率为(　　)。
(A)30%～50%　(B)40%～60%　(C)60%～80%　(D)70%～90%
13. 在脱硫系统运行时，运行人员必须做好运行参数的记录，至少应每(　　)h 一次。
(A)1　(B)2　(C)3　(D)1.5
14. 离心水泵启动后出口逆止门打不开的现象是(　　)。
(A)电流小，出口门前压力高　(B)电流大，出口门前压力高
(C)电流小，出口门前压力低　(D)电流大，出口门前压力低
15. 泵的效率越高，泵损失的能量(　　)，泵的性能越好。

(A)越大　(B)为零　(C)越小　(D)不变

16. 理论上双吸式叶轮的轴向推力(　　)。

(A)较大　(B)比单吸式叶轮还大

(C)等于零　(D)较小

17. 两台泵串联运行时,总扬程等于(　　)。

(A)两台泵扬程之差　(B)两台泵扬程之和

(C)两台泵扬程的平均值　(D)两台泵扬程

18. 水泵(　　)是对液体做功的部件。

(A)叶轮　(B)泵壳　(C)泵轴　(D)电机

19. 由(　　)个齿轮啮合在一起组成的泵叫齿轮泵。

(A)3　(B)2　(C)4　(D)5

20. 离心泵主要由(　　)个零部件组成。

(A)8　(B)9　(C)10　(D)11

21. 由几个螺杆啮合在一起组成的泵叫(　　)。

(A)齿轮泵　(B)螺杆泵　(C)往复泵　(D)高压泵

22. (　　)主要是指消除烟气中碳黑和飞灰。

(A)除尘　(B)消烟　(C)冲洗　(D)脱硫

23. 一张能清楚完整表达零件形状大小和技术要求的图样叫(　　)。

(A)视图　(B)零件图　(C)装配图　(D)主视图

24. 除尘器如果漏风,其(　　)会下降很多。

(A)功率　(B)效率　(C)能力　(D)马力

25. 常见物体一般有(　　)态。

(A)两　(B)三　(C)四　(D)五

26. 泵用联轴器根据用途一般分(　　)种。

(A)2　(B)3　(C)4　(D)5

27. 大气中氧气含量约为(　　)。

(A)19%　(B)21%　(C)30%　(D)40%

28. 风机转子磨损严重,总管负压(　　)。

(A)升高　(B)降低　(C)不变　(D)变化不大

29. 抽风系统漏风,总管负压(　　)。

(A)升高　(B)降低　(C)不变　(D)变化不大

30. 下列有毒的气体是(　　)。

(A)CO_2　(B)CO　(C)H_2　(D)H_2O

31. 国家标准规定大气含尘量不允许超过(　　)。

(A)5 mg/m^3　(B)10 mg/m^3　(C)20 mg/m^3　(D)30 mg/m^3

32. 标准大气压相当于(　　)。

(A)1.013×10^5 Pa　(B)2×10^5 Pa　(C)0.5×10^5 Pa　(D)10.5×10^5 Pa

33. 离心泵在运行过程中,一般要求轴承温度不能超过(　　)。

(A)65～70℃　(B)75～80℃　(C)85～90℃　(D)90～95℃

34. 离心泵按叶轮的数量分为(　　)。

(A)单级泵和多级泵　　(B)单吸泵和双吸泵

(C)卧式泵和立式泵　　(D)柱塞泵和活塞泵

35. 电动机启动时间过长或在短时间内连续多次启动,会使电动机绕组产生很大热量,温度(　　)造成电动机损坏。

(A)急剧上升　　(B)急剧下降　　(C)缓慢上升　　(D)缓慢下降

36. 启动时发现水泵电流大且超过规定时间(　　)。

(A)检查电流表是否正确　　(B)仔细分析原因

(C)立即停泵检查　　(D)继续运行

37. 水泵启动时,出口门无法打开,应(　　)。

(A)立即停泵　　(B)联系检修检查

(C)到现场手动打开　　(D)检查原因

38. 运转中,工艺水泵轴承温度不得超过(　　)。

(A)70℃　　(B)80℃　　(C)90℃　　(D)100℃

39. 工业水泵等低压电机停运(　　)天以上再次启动时,必须联系电气人员对电机绝缘电阻进行测量,合格后方可启动。

(A)3　　(B)7　　(C)10　　(D)15

40. SO_2测试仪主要是测量锅炉尾部烟气中(　　)。

(A)SO_2的浓度　　(B)S的浓度　　(C)SO_2的质量　　(D)S的质量

41. 为防止汽蚀现象,离心泵在运行时,其吸入口的液流压力必须(　　)此时液流温度的汽化压力。

(A)大于　　(B)等于　　(C)小于　　(D)略小于

42. (　　)在导体中定向连续运动叫做电流。

(A)电子　　(B)绝缘体　　(C)半导体　　(D)导体

43. 对二氧化硫的吸收速率随pH值的降低而下降,当pH值降到(　　)时,几乎不能吸收二氧化硫了。

(A)3　　(B)4　　(C)5　　(D)6

44. 理论上进入吸收塔的烟气温度越低,越利于(　　),从而提高脱硫效率。

(A)碳酸钙的溶解　　(B)SO_2的吸收

(C)石膏晶体的析出　　(D)亚硫酸钙的氧化

45. 水力旋流站的运行压力越高,则(　　)。

(A)旋流效果越好　　(B)旋流子磨损越大

(C)底流的石膏浆液越稀　　(D)石膏晶体生长的越快

46. 由于大型零部件在吊装、摆放时会引起不同程度的变形,所以势必引起该零部件的(　　)。

(A)尺寸差异　　(B)形态变化　　(C)位置变化　　(D)精度变化

47. 对除雾器进行冲洗时,必须考虑(　　)。

(A)吸收塔液位　　(B)吸收塔浆液pH值

(C)吸收塔浆液密度　　(D)二氧化硫浓度

48. 电除尘的除尘效率一般为(　　)。

(A)99%　　(B)80%　　(C)98%　　(D)100%

49. 电除尘器运行过程中烟尘浓度过大,会引起电除尘的(　　)现象。

(A)电晕封闭　　(B)反电晕　　(C)电晕线肥大　　(D)二次飞扬

50. 一个标准大气压等于(　　)。

(A)133.322 5 Pa　　(B)101.325 kPa　　(C)756 mmHg　　(D)1 033.6 g/cm^2

51. 滚动轴承装配在轴上时应采用(　　)制。

(A)基轴　　(B)基孔　　(C)基轴和基孔　　(D)形状公差

52. 机械制图的三视图为(　　)。

(A)主、俯、左视图　　(B)主、俯、右视图

(C)主、左、局部视图　　(D)主、局部、剖视图

53. 机械密封与填料密封相比,机械密封的(　　)。

(A)密封性能差　　(B)价格低　　(C)机械损失小　　(D)机械损失大

54. 泵轴一般采用的材料为(　　)。

(A)A3 钢　　(B)45 号钢　　(C)铸铁　　(D)合金钢

55. 通常用的水泵对轮轴的径向晃动不超过(　　)。

(A)0.03 mm　　(B)0.05 mm　　(C)0.08 mm　　(D)1 mm

56. 皮带传动中,新旧皮带一起使用会(　　)。

(A)发热　　(B)传动比准确

(C)缩短新带使用寿命　　(D)无影响

57. 下面几种泵相对流量大的是(　　)。

(A)离心泵　　(B)齿轮泵　　(C)轴流泵　　(D)双吸泵

58. 常说的 30 号机油中的“30 号”是指(　　)。

(A)规定温度下的黏度　　(B)使用温度

(C)凝固点　　(D)油的滴点

59. Z41H 是一种阀门的牌号,其中“Z”说明这种阀门是(　　)。

(A)截止阀　　(B)闸阀　　(C)球阀　　(D)止回阀

60. 泵轴在堆焊前应进行预热,焊后进行回火,凡不经过(　　)的轴不得使用。

(A)淬火　　(B)退火　　(C)回火　　(D)调质处理

61. 灰浆泵是离心泵,它的流量与转速的关系为(　　)。

(A)一次方　　(B)两次方　　(C)三次方　　(D)四次方

62. 锉刀的规格用(　　)表示。

(A)长度　　(B)宽度　　(C)厚度　　(D)形状

63. 人体皮肤出汗潮湿或损伤时,人体的电阻约为(　　)。

(A)10 000～100 000 Ω　　(B)1 000 Ω

(C)100 000 Ω　　(D)100 Ω

64. 物体阻碍电子通过的同时使电能变成热能的性质成为(　　)。

(A)电阻　　(B)电流　　(C)电压　　(D)绝缘体

65. 经过整流后,最接近直流的整流电路是(　　)。

(A)单相全波电路 (B)单相桥式电路 (C)三相半波电路 (D)三相桥式电路

66. 电除尘器适用于( )。

(A)火力发电厂 (B)水力发电厂 (C)秸秆发电 (D)风力发电

67. 泵与风机是把机械能转变为流体( )的一种动力设备。

(A)动能 (B)压能 (C)势能 (D)动能和势能

68. 设备依照条件而实现联动、联开、联停的装置或系统,总称为( )。

(A)反馈 (B)联锁 (C)机构 (D)网络

69. 装配图中的形状、大小完全相同的零件应( )。

(A)分开编序号 (B)只有一个序号 (C)任意编序号 (D)不需要编序号

70. 脱硫系统需要投入的循环泵数量和( )无关。

(A)锅炉负荷的大小 (B)烟气中二氧化硫的浓度

(C)入炉煤的含硫量 (D)吸收塔液位

71. 脱硫风机跳闸后,应立即采取的措施是( )。

(A)汇报值长并检查跳闸原因 (B)停运浆液循环泵

(C)启动烟气急冷装置 (D)打开旁路烟气挡板

72. 楔键的上表面斜度为( )。

(A)1/100 (B)1/50 (C)1/30 (D)1/20

73. 应在脱硫循环泵启动( )打开泵的入口门。

(A)前的 60 s 之内 (B)的同时 (C)后的 3～5 s (D)后的 60 s

74. 脱硫循环泵停运( )天以上再次启动时,必须联系电气人员对高压电机绝缘进行测量。

(A)3 (B)5 (C)7 (D)9

75. 泵和管道采用不锈钢的原因主要是它的抗( )性好。

(A)腐蚀 (B)高温 (C)高压 (D)低压

76. 截止阀按介质流的方向可分为( )种。

(A)2 (B)3 (C)4 (D)5

77. 除尘器的主要性能指标是指( )和能捕集颗粒的大小。

(A)除尘效率 (B)除尘烟量 (C)烟气浓度 (D)脱硫效率

78. 零件是组成( )的最小单元实体。

(A)机器 (B)机构 (C)机床 (D)机械

79. 各项安全技术操作规程是确保安全生产的( )必须严格遵守。

(A)文件 (B)法规 (C)规定 (D)制度

80. 各级、各类人员在各自岗位上,都应执行安全生责任制,确保( )。

(A)人身安全 (B)设备安全 (C)安全生产 (D)现场安全

81. 职工必须不断提高自身素质,自觉接受( )教育、培训,不断提高安全意识和安全操作规程技能。

(A)安全操作 (B)安全技术 (C)安全生产 (D)安全防火

82. 特种作业人员必须( )上岗。

(A)考核 (B)培训 (C)持证 (D)教育

83. 职工必须(　　)穿戴劳动保护用品和使用安全防护器具,必须自觉接受安全管理人员的监督和检查。

(A)自觉　(B)正确　(C)完整　(D)规范

84. 正确穿戴(　　)保护用品和使用安全防护器具,工作才有安全保障。

(A)生产　(B)劳动　(C)消防　(D)安全

85. ISO 14000 是国际环境管理系列(　　)缩写。

(A)图纸　(B)文件　(C)标准　(D)规范

86. 了解(　　)运行状态是除尘工操作调整除尘器运行的依据。

(A)锅炉　(B)设备　(C)风机　(D)电机

87. 除尘器体和烟道(　　)会严重降低和影响除尘效率。

(A)腐蚀　(B)漏风　(C)漏水　(D)压力

88. 值班人员在履行交接班工作程序时,必须有全体(　　)人员在场签字才有效。

(A)运行　(B)工作　(C)交接　(D)维修

89. 泵的(　　)是指从泵的入口贮存槽液面的垂直距离。

(A)实际扬程　(B)吸入高度　(C)体积流量　(D)实际功率

90. 泵与电机的联轴器必须装有(　　)才能安全运行。

(A)安全罩　(B)保护器　(C)阻隔网　(D)阻断器

91. 蓄水池水面有(　　)时要及时清除。

(A)杂质　(B)解析物　(C)异物　(D)漂浮物

92. 泡沫板脱硫除尘器运行供水压力要达到(　　)。

(A)0.05 MPa　(B)0.12 MPa　(C)0.15 MPa　(D)0.18 MPa

93. 高压阀门是指工作压力在(　　)之间。

(A)0.1～0.2 MPa　(B)0.2～0.4 MPa　(C)6～8 MPa　(D)2～4 MPa

94. 采用剖视图是为了更清楚地看清零件的(　　)形状。

(A)局部　(B)半剖　(C)内部　(D)主视图

95. 电流强度的单位是(　　)。

(A)C(库仑)　(B)A(安培)　(C)V(伏特)　(D)Ω(欧姆)

96. 从 1/50 mm 游标卡尺上读数,读法正确的是(　　)mm。

(A)8.99　(B)8.995　(C)9.01　(D)9.02

97. 钢和铁的区别是由(　　)决定的。

(A)含碳量　(B)冶炼方法　(C)性能指标　(D)用途

98. 仅画出机件某一部分的视图称为(　　)。

(A)局部视图　(B)斜视图　(C)基本视图　(D)旋转视图

99. 用两个相交的剖切平面,将机件剖开,所得的剖视图称为(　　)。

(A)半副　(B)阶梯剖　(C)旋转剖　(D)复合剖

100. 仪表的精度等级是用(　　)表示的。

(A)系统误差　(B)绝对误差　(C)允许误差　(D)相对误差

101. 水在水泵中压缩升压可以看作是(　　)。

(A)等温过程　(B)绝热过程　(C)等压过程　(D)等容过程

102. 离心泵中将原动机输入的机械能传给液体的部件是(　　)。
(A)轴　(B)叶轮　(C)导叶　(D)压出室
103. 单位时间内通过泵或风机的流体实际所得到的功率是(　　)。
(A)有效功率　(B)轴功率　(C)原动机功率　(D)电功率
104. 轴流泵输送液体的特点是(　)。
(A)流量大,扬程高　(B)流量小,扬程高
(C)流量小,扬程低　(D)流量大,扬程低
105. 轴流泵是按(　　)工作的。
(A)离心原理　(B)惯性原理
(C)升力原理　(D)离心原理和升力原理
106. 轴流泵的动叶片是(　　)型的。
(A)机翼　(B)后弯
(C)前弯　(D)前弯和后弯两种
107. 串联运行时,总流量等于(　　)。
(A)各泵流量之和　(B)各泵流量之差
(C)各泵流量之积　(D)其中任意一台泵的流量
108. 当泵的(　)不够时,需要进行并联运行。
(A)扬程　(B)功率　(C)效率　(D)流量
109. 备用泵与运行泵之间的连接为(　　)。
(A)串联　(B)并联
(C)备用泵在前的串联　(D)备用泵在后的串联
110. 浓缩池中灰浆的浓缩是依靠(　　)作用。
(A)沉淀　(B)过滤　(C)水分蒸发　(D)离心
111. 电接点压力表用来(　　)。
(A)测量瞬时压力值
(B)测量最大压力值
(C)测量最小压力值
(D)当指针与压力高限或低限电接点闭合时,发出动作信号
112. 规范的安全电压是(　　)。
(A)36 V、24 V、12 V　(B)36 V、20 V、12 V
(C)32 V、24 V、12 V　(D)36 V、24 V、6 V
113. 在锅炉内产生大量灰渣必须及时排出,这是保证(　)安全运行的重要措施。
(A)灰渣泵　(B)汽轮机　(C)磨煤机　(D)锅炉
114. 电除尘器一般阳极和阴极分别带(　)。
(A)正电和负电　(B)负电和正电　(C)正电和正电　(D)负电和负电
115. 在启动时,电动主气阀前蒸汽参数随转速和负荷的增加而升高的启动过程称(　)。
(A)冷态启动　(B)额定参数启动　(C)滑参数启动　(D)热态启动
116. 装配图中,形状、大小完全相同的零件应(　　)序号。
(A)只编一个　(B)分开编　(C)任意编　(D)不编

117. 对于外形简单内形较复杂的不对称机件，一般选作(　　)。
(A)全剖视图　(B)半剖视图　(C)局部剖视图　(D)剖面图
118. 装配图上一般要标注(　　)尺寸。
(A)5 类　(B)4 类　(C)3 类　(D)2 类
119. 运行中如听到水泵内有撞击声，应(　　)。
(A)立即停泵检查　(B)观察后再决定　(C)立即请示值长　(D)继续运行
120. 离心泵的轴功率在(　　)时最小。
(A)半负荷　(B)全负荷　(C)超负荷　(D)空负荷
121. 微正压是指输送空气的压力小于或等于(　　)。
(A)0.1 MPa　(B)0.2 MPa　(C)0.3 MPa　(D)0.4 MPa
122. 运行中油隔离泵的进、出口阀的开关情况为(　　)。
(A)同时开，同时关　(B)交替开、关
(C)常开　(D)常关
123. 在正常运行中，若发现电动机冒烟，应(　　)。
(A)继续运行　(B)申请停机　(C)紧急停机　(D)马上灭火
124. 泵串联运行最好是两台泵的(　　)相同。
(A)扬程　(B)流量　(C)转速　(D)功率
125. 多级泵轴向推力的平衡办法，一般采用(　　)。
(A)平衡盘　(B)平衡孔　(C)平衡管　(D)都不行
126. 两台泵串联运行时，对其强度要求是(　　)。
(A)后一台泵大　(B)前一台泵大
(C)两台泵强度需一样　(D)没有限制
127. 空气斜槽输灰系统中空气斜槽的倾斜度一般为(　　)。
(A)4°～10°　(B)10°～20°　(C)20°～30°　(D)30°～40°
128. 当输送管线长度为(　　)时，宜采用压力式(仓泵)气力除灰系统。
(A)100～200 m　(B)250～400 m　(C)450～1 000 m　(D)1 000 m 以上
129. 水泵并联运行的特点是：每台水泵的(　　)相同。
(A)扬程　(B)流量　(C)功率　(D)转速
130. 工作温度为 450～600℃的阀门叫(　　)。
(A)普通阀门　(B)高温阀门　(C)耐热阀门　(D)低温阀门
131. 泵运行中发生汽蚀现象时，振动和噪声(　　)。
(A)均增大　(B)只有前者增大　(C)只有后者增大　(D)均减小
132. 减压阀是用来(　　)介质压力的。
(A)增加　(B)降低　(C)调节　(D)都不是
133. 泵汽蚀的根本原因在于(　　)。
(A)泵吸入口压力过高　(B)泵出口的压力过高
(C)泵吸入口压力过低　(D)泵吸入口的温度过低
134. 闸阀与(　　)的用途基本相同。
(A)调节阀　(B)逆止阀　(C)截止阀　(D)安全阀

135. (　　)只适用于扑救 600 V 以下的带电设备的火灾。
(A)泡沫灭火器　(B)二氧化碳灭火器
(C)干粉灭火器　(D)1211 灭火器

136. 电动机两相运行的现象有:启动电动机只响不转;外壳(　　);出现周期性振动;运行时声音突变;电流指示升高或到零。
(A)带电　(B)温度无变化　(C)温度升高　(D)温度降低

137. 对管道的膨胀进行补偿是为了(　　)。
(A)更好地疏放水　(B)减小管道的热应力
(C)减小塑性变形　(D)减小弹性变形

138. 逆止阀是用于(　　)。
(A)防止管道中流体倒流　(B)调节管道中流体的流量及压力
(C)起保证设备安全作用　(D)截断管道中的流体

139. 截止阀的作用是(　　)。
(A)防止管道中流体倒流　(B)调节管道中流体的流量及压力
(C)起保证设备安全作用　(D)截断管道中的流体

140. 变压器低压绕组比高压绕组的导线直径(　　)。
(A)粗　(B)细　(C)相等　(D)不等

141. 三相异步电动机的转子,根据构造上的不同,可分为(　　)式和鼠笼式两种。
(A)永磁　(B)绕线　(C)电磁　(D)线圈

142. 目前使用最广泛的电动机是(　　)电动机。
(A)异步　(B)同步　(C)直流　(D)鼠笼式

143. 下列各式中(　　)不符合液体连续性关系。
(A)$C_1A_1=C_2A_2$　(B)$Q_1=Q_2$　(C)$C_1/C_2=A_1/A_2$　(D)$C_1/C_2=A_2/A_1$

144. 当流量一定时,下列叙述正确的是(　　)。
(A)截面积大,流速快　(B)截面积大,流速小
(C)截面积小,流速小　(D)流速与截面积无关

145. 虹吸管最高处管内压力(　　)出口液面压力。
(A)大于　(B)小于
(C)等于　(D)不能确定是大于还是小于

146. 异步电动机的铭牌上的"温升"指的是(　　)的温升。
(A)定子铁芯　(B)定子绕组　(C)转子　(D)轴承

147. 凡设备对地电压在(　　)以下者为低压。
(A)250 V　(B)380 V　(C)36 V　(D)24 V

148. 在泵的吸入管段利用虹吸作用后可(　　)。
(A)减小扬程,节约电能　(B)提高扬程,增大电耗
(C)减小扬程,增大电耗　(D)提高扬程,节约电能

149. 日常生活中照明电路的接法为(　　)。
(A)星形四线制　(B)星形三线制
(C)三角形三线制　(D)可以是三线制,也可以是四线制

150. 确定电流通过导体时所产生的热量与电流的平方、导体的电阻及通过的时间成正比的定律是(　　)。

(A)欧姆定律　(B)基尔霍夫定律　(C)焦尔楞次定律　(D)亨利定律

151. 湿式除尘器除尘水循环系统应选用(　　)泵类。

(A)潜水泵　(B)长杆污泥泵　(C)渣浆泵　(D)化工离心泵

152. 气锁阀系统属于(　　)系统。

(A)正压　(B)微正压　(C)负压　(D)微负压

153. 离心泵试验需改变工况时,输水量靠(　　)来改变。

(A)转速　(B)进口水位　(C)进口阀门　(D)出口阀门

154. 效率试验时,泵的轴功率为(　　)。

(A)测得的电动机功率　(B)电动机的输入功率

(C)泵的轴端输入功率　(D)计算出的电动机功率

155. 生产区域失火,造成直接损失超过(　　)者算火灾事故。

(A)4 万元　(B)3 万元　(C)2 万元　(D)1 万元

156. V 带传动中,新旧带一起使用,会(　　)。

(A)发热量大　(B)传动比准确　(C)缩短新带寿命　(D)传动效果好

157. 运行分析按组织形式可分为岗位分析、定期分析和(　　)三种形式。

(A)不定期分析　(B)事故分析　(C)专题分析　(D)经济分析

158. (　　)是带传动的优点。

(A)传动比准确　(B)结构紧凑　(C)传动平稳　(D)效率高

159. 链传动中链条的节数采用(　　)最好。

(A)偶数　(B)奇数　(C)任何自然数　(D)任何数

160. 齿轮传动的效率可达(　　)。

(A)0.85～0.90　(B)0.94～0.97　(C)0.98～0.99　(D)0.99～1.00

161. 形成渐开线的圆,称为齿轮的(　　)。

(A)齿根圆　(B)基圆　(C)节圆　(D)分度圆

162. 热力机械工作票中的工作许可人一般由(　　)担任。

(A)运行副主任　(B)运行专职工程师

(C)运行正副班长　(D)检修正副班长

163. 电除尘器的接地电极是(　　)。

(A)放电极　(B)收尘极　(C)电晕极　(D)阴极

164. 设备安装图用以指导在厂房内或基础上进行设备的安装工作,是设备(　　)的重要技术文件。

(A)维护　(B)安装工程　(C)启动　(D)检查、验收

165. 绘制热力系统图时,(　　)图中阀门、管道和管道附件的均不绘在图上。

(A)全面性热力系统　(B)原则性热力系统

(C)局部热力系统　(D)任何热力系统

166. 在局部剖视图中,剖视图部分与外形视图部分的分界线一般为(　　)。

(A)点划线　(B)波浪线　(C)细直线　(D)虚线

167. 将立体的表面分解成若干个三角形来进行展开的方法，称为(　　)。

(A)直角三角形法　(B)平行线法　(C)放射线法　(D)三角形法

168. 在一张图上，粗实线的宽度为 1 mm，细实线的宽度应为(　　)。

(A)1/2 mm　(B)1/3 mm　(C)1/4 mm　(D)1 mm

169. 水力除灰中的漂珠是指颗粒直径为 0.3～200 μm，比重(　　)的空心玻璃体微珠。

(A)>1　(B)<1　(C)=1　(D)大小均可

170. 转动机械试运时，轴承温度不高于(　　)。

(A)30℃　(B)40℃　(C)50℃　(D)规定值

171. 负压除灰系统运行中，布袋除尘器压差大于规定值的原因是(　　)。

(A)布袋堵塞　(B)压差测管堵塞

(C)吹扫空气压力不够　(D)三种情况都有可能

172. 当水泵安装时，实际安装高度必须(　　)允许吸上真空高度，才能保证水泵运行不产生汽化。

(A)小于　(B)大于　(C)等于　(D)大于或等于

173. 除灰系统使用的不同清水泵，每一种水泵应(　　)。

(A)每一台设一台备用泵　(B)每两台设一台备用泵

(C)各设一台备用泵　(D)每一单元设一台备用泵

174. 柱塞泵系统启动时，调整高压清洗泵出口压力高于柱塞泵工作压力(　　)。

(A)0.2～0.4 MPa　(B)0.3～0.5 MPa　(C)0.3～0.8 MPa　(D)0.5～0.8 MPa

175. 离心泵效率试验时，整个试验一般分为(　　)个工况点进行。

(A)1～2　(B)2～4　(C)4～6　(D)6～8

176. 与同扬程清水泵相比灰渣泵的叶轮(　　)。

(A)转速高，直径大　(B)转速高，直径小

(C)转速低，直径大　(D)转速低，直径小

177. 油隔离泵初次运行应进行清水试运，且时间不少于(　　)。

(A)1 h　(B)2 h　(C)3 h　(D)4 h

178. 安装完试运过程中，柱塞泵瞬间最大压力不得超过额定压力的(　　)。

(A)50%　(B)100%　(C)110%　(D)120%

179. 安装后试运时，柱塞泵出口缓冲器充以氮气，充气压力为泵工作压力的(　　)。

(A)1/2　(B)2/3　(C)3/4　(D)4/5

180. 生产厂房内外工作场所的常用照明应该保证足够的(　　)。

(A)数量　(B)亮度　(C)手电筒　(D)应急灯

181. 浓酸强碱一旦溅入眼睛或皮肤上，首先应采取(　　)方法进行清洗。

(A)0.5%的碳酸氢钠溶液清洗　(B)2%稀碱液中和

(C)1%醋酸清洗　(D)清水清洗

182. 水力除灰系统中管道容易(　　)。

(A)结垢　(B)磨损　(C)堵灰　(D)腐蚀

183. 气力除灰系统中管道容易(　　)。

(A)结垢　(B)磨损　(C)堵灰　(D)腐蚀

184. 与离心泵相比,轴流泵的转数(　　)。

(A)大　(B)小　(C)相等　(D)小得多

185. 离心泵的轴向推力的方向是(　　)。

(A)指向叶轮出口　(B)指向叶轮进口　(C)背离叶轮进口　(D)不能确定

186. 离心泵运行中,(　　)是产生轴向推力的主要部件。

(A)轴　(B)轴套　(C)泵壳　(D)叶轮

187. 在选择零件的表面粗糙度时,其 *Ra* 值应(　　)。

(A)愈小愈好

(B)愈大愈好

(C)为定值

(D)在满足零件的性能和工作要求的前提下,选用较大的 *Ra* 值

188. 轴与轴承、对轮的配合选用(　　)。

(A)过盈配合　(B)过渡配合　(C)松动配合　(D)静配合

189. 尺寸偏差简称偏差,其值可以是(　　)。

(A)正值、负值或零　(B)正小数　(C)小数　(D)分数

190. 刮削原始平板时,在正研刮削后,还需进行对角研刮削,其目的是为了(　　)。

(A)增加接触点数　(B)纠正对角部分的扭曲

(C)使接触点分布均匀　(D)减少接触点数

191. 原始平板刮削法,应该采用(　　)平板互相研制。

(A)一块　(B)二块　(C)三块　(D)四块

192. 一般铆钉直径大于(　　)时,均采用热铆接。

(A)10 mm　(B)15 mm　(C)5 mm　(D)8 mm

193. 应用热装法装轴承时,可将轴承置于油中,将轴承加热后装配,加热温度控制在(　　),最高不得超过 120℃。

(A)100～120℃　(B)80～120℃　(C)110～120℃　(D)80～100℃

194. 轴与轴承组装时,应先清洗轴承与端盖,并测量轴承与轴的配合、轴承的(　　)间隙。

(A)轴向　(B)径向　(C)轴向和径向　(D)端向

195. 就集成度而言集成电路有(　　)之分。

(A)双极型、单极型　(B)小规模、中规模、大规模、超大规模

(C)数字和模拟　(D)运算放大、功率放大等

196. LC 振荡电路和 RC 振荡电路比较(　　)。

(A)RC 输出功率小,频率较低,LC 输出功率较大,频率也较高

(B)RC 输出功率大,频率较高,LC 输出功率较小,频率较低

(C)LC 振荡电路的振荡频率大约在几赫到几十千赫的范围内,RC 的振荡频率大约在几千赫到几百兆赫的范围内

(D)LC 振荡电路具有选频性,RC 不具有选频性

197. 反馈电路分为(　　)。

(A)数字式和模拟式　(B)正反馈和负反馈

(C)直流反馈和交流反馈 (D)电感式和电容式

198. 在电阻元件的交流电路中,电流和电压是( )。

(A)不同相的 (B)相位成90°角 (C)同相的 (D)相位成某一角度

199. 一般电除尘器的阻力约为( )。

(A)±6 kPa (B)98~294 Pa (C)−15 kPa (D)100~300 Pa

三、多项选择题

1. 截止阀不适用于( )。

(A)防止管道中流体倒流 (B)调节管道中流体的流量及压力

(C)起保证设备安全作用 (D)截断管道中的流体

2. 关于通风量,下列说法正确的是( )。

(A)风量平衡是指通风房间的总进风量等于总排风量

(B)若总进风量大于总排风量,房间内形成正压

(C)洁净的房间应保持正压,污染的房间应保持负压

(D)可利用正负压控制来达到控制污染的目的

3. 当流量一定时,下列叙述正确的是( )。

(A)流速大 (B)流速小 (C)截面积小 (D)截面积大

4. 在泵的吸入管段利用虹吸作用后可( )。

(A)节约电能 (B)增大电耗 (C)减小扬程 (D)提高扬程

5. 电动机两相运行的现象有:( );电流指示升高或为零。

(A)启动电动机只响不转 (B)外壳温度升高

(C)出现周期性振动 (D)运行时声音突变

6. 除尘器主体为钢筋混凝土圆筒结构,从上至下共分( )三部分功能。

(A)脱硝 (B)脱硫 (C)除尘 (D)循环池

7. 脱硫循环水系统由( )组成。

(A)脱硫循环池 (B)脱硫循环泵 (C)喷管 (D)净化元件

8. 除尘器共有( )循环系统。

(A)加药水循环系统 (B)除尘水循环系统

(C)清水循环系统 (D)脱硫水循环系统

9. 热压的大小与下列哪些因素有关( )。

(A)室内外的温差 (B)通风口的位置

(C)中和面的高度 (D)两通风口之间的高差

10. 除尘循环水系统主要都由( )回水槽及沉淀池等组成。

(A)除尘循环泵 (B)除尘供水管 (C)除尘喷嘴 (D)除尘管路

11. 值班员当值期间应从室内仪表盘上监控( )数值。

(A)脱硫循环水 (B)除尘后的烟温 (C)除尘循环水 (D)pH值

12. 脱硫循环池水位过低会造成( )。

(A)脱硫泵空转烧损 (B)pH值升高

(C)除尘后烟温超高 (D)防腐层变形

13. 由(　　)造成高压冷却水泵启动后发现出水量很少或无水无压。

(A)阀门损坏　　(B)电机或泵本身故障

(C)水源(水处理)设备故障或停运　　(D)管道损坏漏气

14. 关于除尘系统,下列说法正确的是(　　)。

(A)除尘系统的排风量,应按其全部吸风点同时工作计算

(B)有非同时工作的吸风点时,系统的排风量可按同时工作的吸风点的排风量与非同时工作吸风点排风量的15%～20%之和确定

(C)在间歇工作吸风点上装设与工艺设备联锁的阀门

(D)吸风点的排风量,应按防止粉尘或有害气体逸至室外的原则通过计算确定

15. 操作人员监视运行中的电气控制系统常用(　　)和摸等方法。

(A)敲　　(B)听　　(C)闻　　(D)看

16. 一张完整的零件图包括(　　)。

(A)一组图形　　(B)完整的尺寸　　(C)技术要求　　(D)标题栏

17. 读零件图的方法是(　　)。

(A)看标题栏　　(B)分析图形想象零件的结构形状

(C)分析尺寸标注　　(D)了解技术要求

18. 识读装配图的方法与步骤是(　　)。

(A)概括了解、弄清表达方法　　(B)具体分析,掌握形体结构

(C)分析工作原理和相互关系　　(D)归纳总结,获得完整概念

19. 金属的工艺性能主要包括(　　)。

(A)锻造性能　　(B)铸造性能　　(C)切削加工性能　　(D)焊接性能

20. 金属的力学性能主要包括强度(　　)韧性及疲劳强度。

(A)塑性　　(B)刚性　　(C)硬度　　(D)弹性

21. 槽边排风罩,以下哪些措施能减少排风量(　　)。

(A)低截面排风罩改为高截面排风罩　　(B)将低截面排风罩一侧靠墙布置

(C)等高条缝改为楔形条缝　　(D)平口式改为条缝式

22. 在除灰管道系统中,流动阻力存在的形式是(　　)。

(A)沿程阻力　　(B)局部阻力　　(C)径向阻力　　(D)纵向阻力

23. 关于事故排风的排风口,以下符合规定的是(　　)。

(A)不应布置在人员经常停留或经常通行的地点

(B)排风口不得朝向室外空气动力阴影区和正压区

(C)当排气中含有可燃气体时,事故通风系统排风口距可能火花溅落地点应大于10 m

(D)排风口与机械送风系统的进风口的水平距离不应小于10 m

24. 放散粉尘的生产工艺过程,选择除尘器应遵守(　　)。

(A)当湿法除尘不致影响生产和改变物料性质时,应采用湿法除尘

(B)当湿法除尘不能满足环保卫生要求时,可采用机械与湿法联合除尘

(C)当湿法除尘不能满足环保卫生要求时,可采用采用静电除尘

(D)当湿法除尘不能满足环保卫生要求时,可采用采用机械除尘

25. 对待事故要坚持“三不放过”的原则,即(　　)。

(A)事故原因不清不放过
(B)事故责任者和广大群众未受到教育不放过
(C)事故不处理不放过
(D)没有防范措施不放过

26. 电动机在运行中监测温度变化的方法有(　　)。
(A)鼻闻　(B)手摸　(C)滴水　(D)用温度计测量

27. 润滑油在各种机械中的作用是(　　)。
(A)润滑作用　(B)冷却作用　(C)封闭作用　(D)清洁作用

28. 关于旋风除尘器下列哪种说法是正确的(　　)。
(A)粉尘浓度增加,除尘器效率增加,阻力升高
(B)气体温度升高,除尘器效率降低,阻力下降
(C)粉尘粒径增加,除尘器效率增加,阻力不变
(D)气体黏度升高,除尘器效率降低,阻力升高

29. 仓泵按出料形式分有(　　)。
(A)上引式　(B)下引式　(C)流化态　(D)导流式

30. 仓泵按布置方式一般分为(　　)。
(A)单仓布置　(B)单一布置　(C)多重布置　(D)双仓布置

31. 50 号锰钢的特点有(　　)。
(A)焊接困难　(B)质地较硬　(C)加工困难　(D)价格较高

32. 电烧伤有(　　)。
(A)电接触烧伤　(B)电弧烧伤　(C)喷射烧伤　(D)火焰烧伤

33. 灰渣泵中磨损最严重的部件是(　　)。
(A)轴　(B)轴承　(C)护套　(D)叶轮

34. 改善重力沉降室的捕集效率的设计途径有(　　)。
(A)降低沉降室内气流速度　(B)增大沉降室高度
(C)增长重力沉降室的长度　(D)增加重力沉降室的过流断面

35. 参加扑救火灾的(　　)都必须服从火场总指挥的统一指挥。
(A)单位　(B)群众　(C)个人　(D)维护人员

36. 锅炉除灰场地应便于(　　)。
(A)安全　(B)检修　(C)通行　(D)运行控制

37. 装配图中,(　　)完全相同的零件应只编一个序号。
(A)形状　(B)大小　(C)尺寸　(D)标号

38. 规范的安全电压是(　　)。
(A)24 V　(B)12 V　(C)220 V　(D)36 V

39. 除尘设备运行工的作用是(　　)设备运行,分析和统计各种指标。
(A)监视　(B)操作　(C)控制　(D)检修

40. 多级除尘,下列哪种除尘器可以做第一级除尘器(　　)。
(A)旋风除尘器　(B)惯性除尘器　(C)袋式除尘器　(D)湿式除尘器

41. 粉尘和气体的性质对除尘器的性能影响较大,以下说法正确的是(　　)。

(A)黏性大的粉尘,宜采用湿法除尘
(B)比电阻过大或过小的粉尘,宜采用静电除尘
(C)水硬性或疏水性粉尘,宜采用干法除尘
(D)高温、高湿气体,宜采用袋式除尘

42. 改善气流分布质量的方法有(　　)。
(A)在烟道入口加气流分布板　　(B)在烟道入口加导流叶片
(C)参照模拟试验进行调整　　(D)在烟道入口加混流板

43. 隔离开关的检修工艺有(　　)。
(A)清扫隔离开关
(B)检查开关接触良好,动作灵活
(C)拉合刀闸无卡涩,刀片插入位置正确适度
(D)清理入口烟道

44. 放电极极线断裂的原因是(　　)、烟气腐蚀、疲劳断损。
(A)局部应力集中　　(B)个别部位应力集中
(C)安装质量不好　　(D)放电拉弧

45. 振打系统常见故障有(　　)、振打力减小、振打电动机烧毁、振打锤犯卡。
(A)掉锤　　(B)轴及轴承磨损　　(C)保险片　　(D)销断裂

46. 降低除尘器入口的含尘浓度,下列说法正确的是(　　)。
(A)可以降低旋风除尘器效率　　(B)可以防止电除尘器产生电晕闭塞
(C)可以提高袋式除尘器的过滤风速　　(D)可以减少湿式除尘器的泥浆处理量

47. 关于除尘器的效率,下述论述正确的有(　　)。
(A)效率是指除尘器除下的粉尘质量流量与进入除尘器的粉尘质量流量之比
(B)分级效率是除尘器的重要性能指标之一,当除尘器型号确定,其分级效率也随之确定
(C)除尘器的全效率与其分级效率和入口粉尘的粒径分布有关
(D)除尘器的全效率随入口气体中粉尘的浓度增加而增大,除尘器的阻力随全效率增大而增大

48. 下列说法正确的是(　　)。
(A)净化有爆炸危险的粉尘和碎屑的除尘器、过滤器及管道等,均应设置泄压装置
(B)净化有爆炸危险的粉尘的干式除尘器和过滤器,应布置在系统的负压段上
(C)处理有爆炸危险的粉尘的除尘器、排风机应与其他普通型的风机、除尘器分开设置
(D)排除、输送有燃烧或爆炸危险气体、蒸气和粉尘的排风系统,均应设置导出静电的接地装置

49. 装配图的特殊画法包括(　　)。
(A)拆卸画法　　(B)假想画法　　(C)展开画法　　(D)简化画法

50. 下列方法中,(　　)是直接处理低浓度有害气体的合理手段。
(A)用燃烧法处理　　(B)用吸收法处理　　(C)用吸附法处理　　(D)用冷凝法处理

51. 不能用于连接的螺纹是(　　)。
(A)内螺纹　　(B)外螺纹　　(C)梯形螺纹　　(D)锯齿形螺纹

52. 碳钢中的基本金相组织有(　　)。

(A)珠光体　(B)奥氏体　(C)马氏体　(D)铁素体

53. 气力除灰系统通常有(　　)。

(A)负压气力除灰系统　(B)微正压气力除灰系统

(C)正压气力除灰系统　(D)空气斜槽除灰系统

54. 正压气力除灰系统除灰装置主要为仓式气力输送泵。仓式泵按出料的形式分为(　　)。

(A)脉冲式　(B)上引式　(C)下引式　(D)流态化式

55. 气力除灰系统采用气锁阀，上下两个室容易磨损，磨损严重的部位是(　　)，应采用单室气锁阀。

(A)底阀　(B)下室　(C)顶阀　(D)上室

56. 关于吸附剂的活性，下列叙述正确的是(　　)。

(A)活性是对吸附剂吸附能力的描述　(B)活性可分为活动性和静活性

(C)静活性大于动活性　(D)活性与运行工况有关

57. 阀门按用途分为(　　)保护、止回、分配六种阀门。

(A)关断　(B)调节　(C)排水阻气　(D)混流

58. 消防工作，实行(　　)的方针。

(A)预防为主　(B)检查为主　(C)消预结合　(D)防消结合

59. (　　)是企业产品质量的基础。

(A)班组工序　(B)工作质量　(C)产品工序　(D)产品质量

60. 关于吸收法，下列叙述正确的是(　　)。

(A)吸收法是用液体净化排气中有害气体或粉尘的一种方法

(B)这种液体称为吸收质

(C)吸收可分为物理吸收和化学吸收

(D)为提高吸收效率，通常采用气液逆流方式

61. 火力发电厂的燃料主要有(　　)。

(A)液体燃料　(B)固体燃料　(C)气体燃料　(D)煤粉燃料

62. 脱硫系统检修后的总验收分为(　　)。

(A)冷态验收　(B)总体验收　(C)分项验收　(D)热态验收

63. "环保三同时"是指环保设施与主体设施(　　)。

(A)同时设计　(B)同时施工　(C)同时投运　(D)同时试运

64. 热处理工艺经过(　　)阶段。

(A)预热　(B)加热　(C)保温　(D)冷却

65. 铸铁的抗拉强度、塑性和韧性比钢差，但有良好的(　　)。

(A)铸造性　(B)耐腐性　(C)耐磨性　(D)减振性

66. 静止流体等压面及等压面的三个条件是(　　)。

(A)同种液体　(B)静止　(C)连通　(D)压力相同

67. 影响凝结放热的因素有(　　)。

(A)蒸汽中含有不凝结气体　(B)蒸汽的流动速度和方向

(C)冷却表面情况　(D)管子的排列方式

68. 功就是力和距离的乘积,功的单位有(　　)。

(A)kW　(B)W　(C)J　(D)kJ

69. 功率就是在单位时间内所做的功。功率的单位有(　　)。

(A)kW　(B)W　(C)J　(D)kJ

70. 湿式脱硫除尘有(　)。

(A)水膜脱硫除尘　(B)石灰石脱硫除尘

(C)冲击水浴脱硫除尘　(D)电脱硫除尘

71. 入口粉尘浓度以(　　)或(　　)来表示。

(A)kg/m^3　(B)g/m^3　(C)g/Nm^3　(D)mg/m^3

72. 泵间值班室低压部分主要由(　　)组成。

(A)低压配电屏　(B)控制柜　(C)操作台　(D)监控器

73. 机械制图的三视图为(　　)。

(A)主视图　(B)剖视图　(C)俯视图　(D)左视图

74. 吸收塔内按所发生的化学反应过程可分为(　　)三个区。

(A)除雾区　(B)吸收区　(C)氧化区　(D)中和区

75. 变频器的调速主要是通过改变电源的(　　)来改变电动机的转速。

(A)电压　(B)频率　(C)相位　(D)功率

76. 除尘设备按作用原理分为(　)类。

(A)机械力除尘器　(B)过滤除尘器　(C)洗涤除尘器　(D)电力除尘器

77. 常用泵大致可分为(　　)。

(A)叶轮泵　(B)叶片泵　(C)容积泵　(D)管道泵

78. 离心泵主要参数有流量、扬程(　　)。

(A)马力　(B)转速　(C)功率　(D)效率

79. 泵在单位时间内能排出液体的数量叫该泵的流量,由(　　)表示方式。

(A)体积流量　(B)单位流量　(C)定额流量　(D)质量流量

80. 企业主要操作规程有(　　)。

(A)安全技术操作规程　(B)设备操作规程

(C)工艺规程　(D)设备维护规程

81. 轴流泵输送液体的特点是(　　)。

(A)流量大　(B)扬程高　(C)流量小　(D)扬程低

82. 联轴器是用来连接两根轴,并传递(　　)作用的装置。

(A)机械能　(B)运动　(C)扭矩　(D)动能

83. 消烟主要是指消除烟气中的(　　)。

(A)二氧化硫　(B)碳黑　(C)飞灰　(D)氮氧化物

84. 放电电极附近的气体电离产生大量的(　　)。

(A)负离子　(B)正离子　(C)电子　(D)中子

85. 烧结过程排出的烟气会对大气造成严重污染,其主要污染物是烟尘和(　　)。

(A)氮氧化物　(B)二氧化硫　(C)一氧化碳　(D)二氧化碳

86. 按照烟气和循环浆液在吸收塔内的相对流向,可将吸收塔分为(　　)。

(A)填料塔　(B)顺流塔　(C)逆流塔　(D)托盘塔

87. 当硫铵出料泵在运行一段时间后，出口管路压力逐渐升高，这可能是(　　)。

(A)泵的出力增加　(B)出口管冲刷磨损

(C)硫铵沉积现象　(D)出口管路结垢

88. 调试烟气挡板前，必须用(　　)的方式操作各烟气挡板，挡板应开关灵活，开关指示及反应正确。

(A)远程控制　(B)就地手动　(C)就地气(电)动　(D)维修控制

89. 对设备操作人员要求的"四会"要求包括会使用、(　　)、会排除故障。

(A)会巡检　(B)会维护　(C)会检查　(D)会维修

90. 水膜除尘器原理主要靠(　　)达到降尘效果。

(A)冲击力　(B)化学反应　(C)水的吸附作用　(D)离心力

91. 旋风除尘器原理主要靠(　　)达到降尘效果。

(A)离心力作用　(B)撞击　(C)冲击　(D)惯性

92. (　　)统称为天然水。

(A)地下水　(B)地表水　(C)处理水　(D)纯净水

93. 变频器的调速主要是通过改变电源的(　　)来改变电动机的转速。

(A)电压　(B)频率　(C)相位　(D)电流

94. 烟气中的硫元素的存在形态主要以气体形态存在，包括(　　)。

(A)SO　(B)SO_3　(C)SO_4　(D)SO_2

95. (　　)作为大气污染物的共同之处在于都是一次污染。

(A)二氧化硫　(B)二氧化碳　(C)一氧化碳　(D)氮氧化物

96. 位于(　　)内的钢厂，应实行二氧化硫的全厂排放总量与各烟囱排放浓度双重控制。

(A)酸雨控制区　(B)排放总量

(C)二氧化硫污染控制区　(D)排放浓度

97. 脱硫吸收塔一般划分在(　　)中。

(A)烟气系统　(B)氧化系统　(C)吸收系统　(D)吸收剂制备系统

98. 下列设备中，不属于氨法脱硫烟气系统的是(　　)。

(A)增压风机　(B)除尘泵　(C)脱硫泵　(D)吸收塔

99. 班组的劳动管理包括(　　)。

(A)班组的劳动纪律　(B)班组的劳动保护管理

(C)对新工人进行"三级安全教育"　(D)班组的考勤、考核管理

100. 在计算机应用软件 Word 中页眉设置中可以实现的操作是(　　)。

(A)在页眉中插入剪贴画　(B)建立奇偶页内容不同的页眉

(C)在页眉中插入分隔符　(D)在页眉中插入日期

101. 在测量过程中存在多个误差，可以采用绝对值合成法求得总误差，此计算方法具有(　　)的特点，但对测量次数较多的误差不适用。

(A)计算快速　(B)计算简单方便　(C)可靠性较差　(D)可靠性较高

102. 属于班组交接班记录的内容是(　　)。

(A)生产运行　(B)设备运行　(C)出勤情况　(D)安全学习

103. 关于有害气体的净化方法,以下论述正确的是(　　)。
(A)吸附法的净化效率一般为100%
(B)吸附法一般是对低浓度进气净化的一种方式
(C)吸收法是通风排气中有害气体净化的最主要方法
(D)处理低浓度气体时,采用燃烧法和冷凝法更好
104. 煤燃烧后产生的烟尘是由(　　)组成。
(A)气体　(B)尘粒　(C)固体　(D)二氧化硫
105. 石灰石湿法是目前(　　)的脱硫工艺。
(A)应用最广　(B)技术最成熟　(C)脱硫效率最高　(D)除尘率最好
106. 对脱硫用吸收剂有两个衡量的主要指标,就是(　　)。
(A)pH值　(B)介质　(C)纯度　(D)粒度
107. 文明生产是指在遵章守纪的基础上去创造(　　)而又有序的生产环境。
(A)整洁　(B)安全　(C)舒适　(D)优美
108. (　　)严格程序、规范操作是职业纪律。
(A)遵守法律　(B)遵守纪律　(C)执行制度　(D)执行法规
109. 泵轴一般不采用的材料为(　　)。
(A)A3钢　(B)45号钢　(C)铸铁　(D)合金钢
110. 耐腐蚀泵的泵轴材质一般不能用(　　)制造的。
(A)碳钢　(B)合金钢　(C)不锈钢　(D)铸钢
111. (　　)均属于截断类阀门。
(A)闸阀　(B)截止阀　(C)调节阀　(D)柱塞阀
112. 在机械传动中,不能够远距离传动的是(　　)。
(A)螺旋传动　(B)带传动　(C)齿轮传动　(D)蜗杆传动
113. 电动机的(　　)的关系称为机械特性。
(A)转差　(B)转差率　(C)转速　(D)电磁转矩
114. 运行时,能自行启动的电动机是(　　)。
(A)交流电动机　(B)直流电动机　(C)同步电动机　(D)异步电动机
115. 表示电器元件的真实相对位置,供一般检修、科技等人员使用的电路图是(　　)。
(A)原理图　(B)安装配线图　(C)原理配线图　(D)控制配线图
116. 脱硫系统中选用的金属材料,要考虑(　　)。
(A)强度　(B)耐磨蚀性　(C)抗腐蚀能力　(D)耐高温性能
117. 为了减少计算机系统或通信系统的故障概率,而对(　　)的重复或部分重复,在计算机术语中叫做冗余。
(A)电路　(B)分散　(C)信息　(D)集散
118. 检修特殊项目主要是指(　　)、耗用器材多和费用高的项目。
(A)技术复杂　(B)工作量大　(C)工期长　(D)工作难度大
119. 进行某设备的(　　)工作,必须熟悉该设备的检修工艺标准。
(A)检修　(B)巡视　(C)安装　(D)调试
120. 力的(　　)是表达一个力的作用三要素。

(A)大小 (B)平衡 (C)方向 (D)作用点

121.(　　)的乘积称为力矩。

(A)力 (B)力的大小 (C)力臂 (D)力的方向

122. 机械密封的优点是(　　)。

(A)密封性好 (B)泄漏少 (C)寿命长 (D)功率消耗小

123. 燃料的成分可为以下七项:碳、氢、(　　)、水分和灰分。

(A)氧 (B)氮 (C)硫 (D)铅

124. 有关石灰石-石膏湿法脱硫工艺,下列说法错误的是(　　)。

(A)工艺流程复杂 (B)工艺流程简单 (C)脱硫效率较低 (D)脱硫效率高

125. 电除尘器的控制方式为:(　　)。

(A)低压微机控制 (B)高压微机控制 (C)集中程序控制 (D)断点程序控制

126. 变压器油的作用主要是(　　)。

(A)绝缘 (B)冷却 (C)润滑 (D)抗腐蚀

127. 装拆接地线均应使用(　　)。

(A)电笔 (B)绝缘棒 (C)戴绝缘手套 (D)穿绝缘鞋

128.(　　)塑性和冲击韧性统称为材料的机械性能。

(A)强度 (B)刚性 (C)硬度 (D)弹性

129. 烟气带水是引起引风机(　　)的主要原因。

(A)过负荷 (B)振动 (C)过热 (D)挂灰

130. 离心泵按叶轮的进水情况不同可分为(　　)。

(A)双吸泵 (B)单级泵 (C)单吸泵 (D)双级泵

131. 离心泵按其轴上所装叶轮数量不同可分为(　　)。

(A)双吸泵 (B)单级泵 (C)单吸泵 (D)双级泵

132. 按照离心泵的泵轴设计安装位置不同分为(　　)。

(A)卧式泵 (B)双吸泵 (C)单吸泵 (D)立式泵

133. 物质在(　　)于浓度梯度方向作层流流动的流体中传递,主要是由于分子运动而引起的。

(A)静止 (B)垂直 (C)流动 (D)水平

134. 烟气中碳的氧化物包括(　　)。

(A)CO_2 (B)CO_3 (C)CO_4 (D)CO

135. 除尘器主要性能指标是(　　)。

(A)能捕集颗粒大小 (B)捕尘率 (C)净化率 (D)脱硫率

136. 下列物质中不可作为二氧化硫吸附剂的物质是(　　)。

(A)氧化钙 (B)石膏 (C)氧化铝 (D)三氧化二铁

137. 一般减速器的轴不能应用(　　)制造。

(A)球墨铸铁 (B)耐热合金钢 (C)普通钢 (D)45 号钢

138. 截止阀用于(　　)管道中的介质。

(A)接通 (B)控制 (C)切断 (D)方向

139. 为提高钢的(　　)需加入的合金元素是锰。

(A)耐腐性　(B)耐磨性　(C)抗磁性　(D)弹性

140. 在(　　)期间,不得进行交接班工作。

(A)正常运行　(B)交接班人员发生意见争执

(C)处理事故　(D)进行重大操作

141. 下列属于离心泵轴封装置的是(　　)。

(A)填料密封　(B)密封环　(C)机械密封　(D)迷宫式密封

142. 灰渣的主要成分是(　　)、氧化钙等。

(A)氧化硅　(B)氧化铝　(C)氧化铁　(D)氧化锌

143. 二氧化碳灭火器的作用是(　　)而使燃烧停止。

(A)隔绝氧气　(B)消除燃烧物

(C)冷却燃烧物　(D)冲淡燃烧层空气中的氧

144. 运行人员应具备"三熟"的内容是(　　)。

(A)熟悉设备、系统和基本原理　(B)熟悉仪表系统和故障处理

(C)熟悉操作和事故处理　(D)熟悉本岗位的规程制度

145. 下列(　　)应属于调节类阀门。

(A)柱塞阀　(B)截止阀　(C)节流阀　(D)调节阀

146. 湿式除尘器共有二路水循环系统分别是(　　)。

(A)除尘水循环系统　(B)脱硫水循环系统

(C)加药水循环系统　(D)高压水循环系统

147. 除尘后烟温超高原因主要是(　　)量异常而造成,因此只要检查和调整好这两方面问题即解决。

(A)除尘水循环系统　(B)脱硫水循环系统

(C)加药水循环系统　(D)高压水循环系统

148. 滚动轴承烧坏的原因有(　　)。

(A)润滑油中断　(B)轴承本身有问题

(C)强烈振动　(D)轴承长期过热未及时发现

149. 常用的划线基准有(　　)基本形式。

(A)以一个平面和一条中心线为基准　(B)以一条中心线为基准

(C)以两条中心线为基准　(D)以相互垂直的平面(或线)为基准

150. 轴承箱地脚螺栓断裂的原因有(　　),地脚螺栓选择太小,强度不足。

(A)轴承箱长期振动大,地脚螺栓疲劳损坏

(B)传动装置发生严重冲击、拉断

(C)地脚螺栓松动,造成个别地脚螺栓受力过大

(D)地脚螺栓材质有缺陷

151. 阀门垫片起(　　)与阀盖相接触的严密性的作用。

(A)阀门　(B)阀体　(C)阀杆　(D)手轮

152. 阀门垫片材料根据压力和温度不同选用(　　)软钢垫、不锈钢垫等。

(A)橡胶垫　(B)橡胶石棉垫　(C)紫铜垫　(D)毛毡垫

153. 简易热弯中小径管的步骤为(　　),热处理。

(A)充砂 (B)划线 (C)加热 (D)检查

154. 除灰检修需要( )活扳手,管钳。

(A)开口固定扳手 (B)闭口固定扳手 (C)梅花扳手 (D)电动扳手

155. 引起泵轴弯曲的原因有( )。

(A)轴的材质不良 (B)泵的动静部分发生摩擦

(C)泵的径向发生摩擦 (D)轴套端面与轴的回转中心不垂直

156. 润滑油的主要性质有( )、酸值、乳化性、残碳。

(A)密度 (B)黏度 (C)凝固点 (D)闪点

157. 磁力启动器可作电动机( )保护用。

(A)欠压 (B)过流 (C)过载 (D)过热

158. ( )是心肺复苏、支持生命的三项基本方法。

(A)心脏按摩 (B)畅通气道

(C)口对口人工呼吸 (D)胸外按压法

159. 为了改善电场中气流的均匀性,电除尘器的进口烟箱和出口烟箱采用( )结构。

(A)渐对式 (B)渐单式 (C)渐扩式 (D)渐缩式

160. 兆欧表的选用应按照( )原则进行。

(A)兆欧表的额定电压要与被测设备的工作电压相对应

(B)兆欧表的测量范围要与被测电阻的范围相对应

(C)兆欧表的额定电流要与被测设备的工作电流相对应

(D)兆欧表的测量范围要与被测电压的范围相对应

161. 为了提高钢的( ),可采用淬火处理。

(A)硬度 (B)耐磨性 (C)塑性 (D)韧性

162. 用直径 3 mm 的钻头钻硬材料时应采取( )。

(A)较大进给量 (B)较低转速 (C)较高转速 (D)较小进给量

163. 输灰系统总管线堵灰的现象为( )。

(A)输灰总管压力等于空气母管压力 (B)输灰母管压力等于空气支管压力

(C)MD 阀两端压差为零,且时间较短 (D)MD 阀两端压差为零,且时间较长

164. 火力发电厂禁止向河水排放倾倒( )。

(A)工业废气 (B)工业废品 (C)工业废渣 (D)其他废弃物

165. 蝶阀一般适用于( )的流体介质管道的截流或流量调节。

(A)小管径 (B)高压头 (C)大管径 (D)低压头

166. 除灰控制系统主要由( )部分组成。

(A)CRT 操作台 (B)PLC 柜 (C)就地操作柜 (D)监控器

167. 异步电动机中定子部分由( )部分组成。

(A)轴 (B)机座 (C)定子绕组 (D)定子铁芯

168. ( )是万能量具和量仪。

(A)水平仪 (B)卡尺 (C)千分尺 (D)百分表

169. 下列是关于吸附法的描述,其中哪些是错误的( )。

(A)用作吸附质的一般是比表面积很大的材料

(B)吸附过程是在气相和固相界面上的扩散过程
(C)吸附过程都是可逆的
(D)所有的吸附剂都可以再生
170. 装配尺寸包括(　　)。
(A)配给尺寸　(B)连接尺寸　(C)界位尺寸　(D)相互位置尺寸
171. 脱硫循环水池换水的方式有(　　)。
(A)连续换水　(B)定期换水　(C)全部换水　(D)部分换水
172. 不能去除去水中悬浮物的方法是(　　)。
(A)沉淀法　(B)机械过滤法　(C)软化法　(D)除盐法
173. 锅炉排放烟气中下列哪种气体对身体有害(　　)。
(A)一氧化碳　(B)二氧化碳　(C)氮气　(D)二氧化硫
174. 下列哪种现象是导致水泵不上水的原因(　　)。
(A)盘根漏气　(B)底阀漏水　(C)轴承发热　(D)水泵反转
175. 下面哪种除灰方式在冬季寒冷地区不需要采取防冻措施(　　)。
(A)人力除灰　(B)水力除灰　(C)机械除灰　(D)气力除灰
176. 水击现象对下列哪个部位没有影响(　　)。
(A)管道法兰　(B)空气预热器　(C)阀门　(D)省煤器
177. 除尘器按气体流动动力区分通风方式有(　　)。
(A)自然通风　(B)连续通风　(C)机械通风　(D)定期通风
178. 除尘器按气体流动方向区分通风方式有(　　)。
(A)负压通风　(B)正压通风　(C)平衡通风　(D)连续通风
179. 旋风除尘器不适用于(　　)。
(A)煤粉炉　(B)沸腾炉　(C)燃油炉　(D)层燃炉
180. 严细认真就要做到:(　　)。
(A)增强精品意识　(B)严守操作规程　(C)精益求精　(D)保证产品质量
181. 泵与风机是把机械能转变为流体(　　)的一种动力设备。
(A)热能　(B)动能　(C)势能　(D)压能
182. 减速机检修时,当沿轴向两个摆线轮上的标记认不清时,可按(　　)三个位置试装,以确定其相互位置。
(A)0°　(B)60°　(C)90°　(D)180°
183. 在氧化空气中喷入工业水的主要目的是为了(　　)。
(A)防止氧化空气管路　(B)降温
(C)防止喷嘴结垢　(D)提高氧化效率
184. (　　)漏风会严重降低和影响除尘效率。
(A)除尘器体　(B)烟道　(C)脱硫池　(D)除尘管路
185. 电机发热的主要原因是(　　)。
(A)电流　(B)振动　(C)过载　(D)磁滞
186. 流动阻力分(　　)两类。
(A)沿程阻力　(B)管道阻力　(C)局部阻力　(D)冲击阻力

187. 焊缝应光滑美观，焊缝的高低宽窄一致，焊缝不允许存在(　　)等缺陷。

(A)咬边　　(B)焊瘤弧坑　　(C)表面气孔　　(D)表面裂纹

188. 当并联支管的压力损失差超过规定的压损差时，压力平衡调节方法有(　　)。

(A)调整支管管径　　(B)增大压力损失小的支管排风量

(C)增加支管压力损失　　(D)调整主管道管径

四、判 断 题

1. 常说的30号机油中的“30号”是指规定温度下的黏度。(　　)

2. 视图上标有“A”字样的是向视图。(　　)

3. 除雾器冲洗水量的大小和循环浆液的pH值无关。(　　)

4. 泵轴在堆焊前应进行预热，焊后进行回火，凡不经过调质处理的轴不得使用。(　　)

5. 金属材料的剖面符号是与水平成45°角的互相平行间隔均匀的粗实线。(　　)

6. 脱硫系统需要投入的循环泵的数量和吸收塔液位无关。(　　)

7. 脱硫系统中大多数输送浆液的管道中，浆液流动速度应足够低以防止对管道冲刷磨损。(　　)

8. 局部剖视图既能表达内部形状，又能保留机件的某些外形。(　　)

9. 集成电路是相对于分立电路而言的。(　　)

10. 判断图1采用的局部剖视是否正确。(　　)

11. 判断图2的画法是否正确。(　　)

12. 由于图形对称，应采用半剖，如图3所示。(　　)

13. 主视图中有一轮廓线与对称中心线重合，不宜采用半剖，应采用局部剖。如图4所示。(　　)

图 1 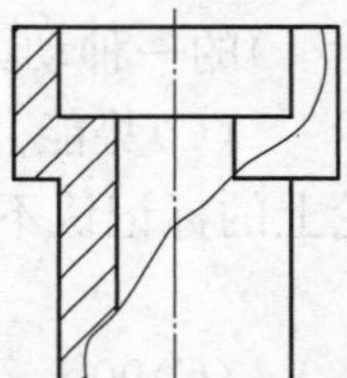　　图 2 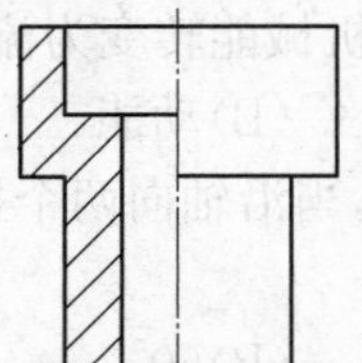　　图 3 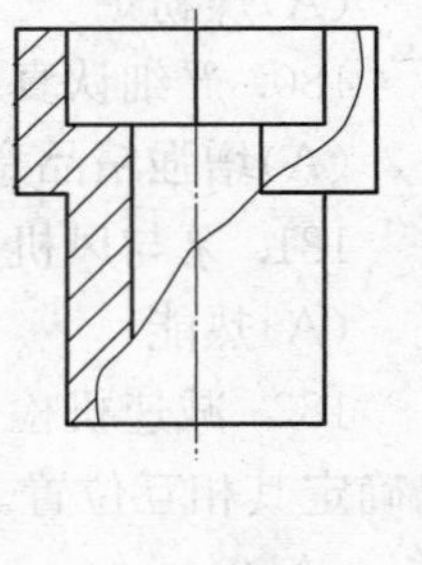　　图 4

14. 离心式水泵的叶轮叶片形式大多数采用后弯式。(　　)

15. 泵轴的热校直通常是加热泵轴弯曲的最高点来实现的。(　　)

16. 我们在日常生活中选用锯条时应根据材料的软硬程度及材料断面的大小来确定。(　　)

17. 当水泵的流量为零时,那么泵的扬程和轴功率也为零。(　　)

18. 脱硫系统事故停运是指无论由于脱硫系统本身还是外部原因发生事故,必须停止运行。(　　)

19. 带表针游标卡尺其表针旋转一周其测量值增加1 mm。(　　)

20. 内径千分尺也叫螺旋测微器,其测量精度为0.01 mm。(　　)

21. 泵是把原动机的机械能或其他能源的能量传递给流体,以实现流体输送的机械设备。(　　)

22. 利用液体随叶轮旋转时产生的离心力来工作的水泵称为离心泵。(　　)

23. 泵的输出功率(有效功率)与输入功率(轴功率)之比,称为泵的效率。(　　)

24. 泵的流量是指单位时间内水泵供出的液体数量。(　　)

25. 泵轴每分钟的转数就是泵的转速。(　　)

26. 机械密封是一种限制工作流体沿轴窜出的非填料性端面密封装置。(　　)

27. 固定支架一般是管道膨胀的死点。(　　)

28. 为了保证管道在管线方向上滑动时不至偏移轴线而装设的支架就是管道的导向支架。(　　)

29. 为了保证管道在悬挂吊点所在水平面上自由移动而装设的吊架就是管道的普通吊架。(　　)

30. 管道弹簧吊架通常用于自然补偿具有复杂位移的管道。(　　)

31. 水泵按其工作时产生的压力大小,可分为高压泵、中压泵和低压泵。(　　)

32. 泵壳的作用一方面是把叶轮给予流体的动能转化为压力能,另一方面是导流。(　　)

33. 离心泵轴向推力的平衡方式有平衡孔法、叶轮对称进水法、平衡盘法和推力轴承法。(　　)

34. 离心泵轴封装置的作用是在泵轴伸出泵壳的部位,密封转子和泵壳之间的间隙。(　　)

35. 离心泵的大修按程序来讲,就是拆卸、检查并修复、回装三大步骤。(　　)

36. 水泵的允许吸上真空度是指水泵入口处的真空允许值。(　　)

37. 泵的扬程-流量曲线与泵的效率-扬程曲线的交点称为泵的工况点。(　　)

38. 联轴器与轴配合一般采用过渡配合。(　　)

39. 切割叶轮的外径将使泵的流量、扬程、轴功率降低。(　　)

40. 滚动轴承的基本代号从左起第三位是“2”,代表圆柱滚子轴承。(　　)

41. 经过淬火硬化没有进行回火和比较脆的工件一般不能直接校正。(　　)

42. 滑动轴承合金有铅基和锡基两种,铅基轴承合金的可塑性差,锡基轴承的可塑性强。(　　)

43. 圆筒形轴承的承载能力与轴颈的圆周速度及润滑油的黏度成正比。(　　)

44. 水泵发生汽蚀现象后,只会引起振动和噪声,不影响流量和扬程。(　　)

45. 球磨机开停必须启动高压润滑油泵。(　　)

46. 烟气入口/出口挡板的密封空气是防止烟气进入脱硫装置的。(　　)

47. 浆液泵密封水是防止轴承腐蚀。(　　)

48. 变频器的调速主要是通过改变电源的电压、频率、相位来改变电动机的转速。(　　)

49. 被加工零件的精度等级数字越大,精度越低,公差也越大。(　　)

50. 脱硫系统因故障停运后,应立即将吸收塔内的浆液排到事故浆液池。(　　)

51. 轴承在低速旋转时一般采用脂润滑,高速旋转时宜用油润滑。(　　)

52. 湿法脱硫的主要缺点是烟气温度低,不易扩散,不可避免产生废水和腐蚀。(　　)

53. 水泵轴的弯曲不应超过 0.1 mm,当超过 0.1 mm 时,应进行校正。(　　)

54. Ca/S 摩尔比增大,SO_2 排放量降低,脱硫效率增大。(　　)

55. 当材料的强度、硬度低,或钻头直径小时,宜用较高的转速,走刀量也可适当增加。(　　)

56. 攻螺纹前的底孔直径应大于螺纹标准中规定的螺纹内径。(　　)

57. 滚动轴承内圈与轴的配合是基孔制。(　　)

58. 在脱硫系统中,石膏的生成是在水力旋流器中完成的。(　　)

59. 滚动轴承外圈与轴承孔的配合是基轴制。(　　)

60. 吸收塔喷淋层是由许多喷嘴组成的。(　　)

61. 切削加工性是指金属是否易于进行切削加工的性能。(　　)

62. 喷淋层喷嘴的作用是将原烟气均匀地喷出,以使烟气和石灰石浆液充分地接触。(　　)

63. 划线的作用是确定工件的加工余量、加工的找正线以及工件上孔的位置,使机械加工有所标志和依据。(　　)

64. 冲击韧性是指金属材料抵抗冲击载荷作用而不破坏的能力。(　　)

65. 脱硫系统的长期停运是指系统连续停运 3 天以上。(　　)

66. 划线的主要作用是为了节省材料,不造成浪费。(　　)

67. 钻头的柄部供装长钻头用和起传递主轴的扭矩和轴向力的作用。(　　)

68. 水泵流量与效率成正比。(　　)

69. 三角带的公称长度是反映三角带的外圆长度。(　　)

70. 机械强度是指金属材料在受外力作用时抵抗变形和破坏的能力。(　　)

71. 一般来说,抗蠕变性能低的材料,有良好的持久强度。(　　)

72. 钻头切削刃上各点的前角大小是相等的。(　　)

73. 金属材料内部夹杂、表面光洁度低、有刃痕磨裂等,会使材料疲劳强度降低。(　　)

74. 联轴器不但能传递扭矩,还能补偿机件安装制造误差,缓和冲击和吸收振动。(　　)

75. 钢在淬火后进行回火,可以稳定组织,提高性能和降低硬度。(　　)

76. 液压千斤顶是依靠液体作为介质来传递能量的。(　　)

77. 按钢的质量分类,主要根据钢中含碳量的多少来分,可分为普通钢和优质钢。(　　)

78. 液压千斤顶是属于静力式液压传动。(　　)

79. 热处理不仅改变工件的组织和性能,而且改变工件的形状和大小。(　　)

80. 锯割软材料或锯缝较长的工件时,宜选用细齿锯条。(　　)

81. 轴承过热原因是轴承内缺油或泵轴与电机轴不同心。(　　)

82. 凡是有温差的物体,就一定有热量的传递。(　　)

83. 运行中的氧化风机各油箱的油位不得低于油位计的2/3。(　　)

84. 大修后脱硫系统启动前,脱硫系统联锁保护装置因为检修已经调好,运行人员可不再进行校验。(　　)

85. 锅炉紧急停炉时,脱硫系统可按正常步骤停运。(　　)

86. 脱硫系统大小修后,必须经过分段验收,分部试运行,整体转动试验合格后方能启动。(　　)

87. 脱硫系统检修后的总验收分为冷态验收和热态验收。(　　)

88. 脱硫系统停止运行,一般分为正常停运和事故停运两种。(　　)

89. 一般将pH值≤5.6的降雨称为酸雨。(　　)

90. 二氧化硫是形成酸雨的主要污染物之一。(　　)

91. 二氧化硫是无色而有刺激性的气体,比空气重,密度是空气的2.26倍。(　　)

92. 燃用中、高硫煤的电厂锅炉必须配套安装烟气脱硫设施进行脱硫。(　　)

93. 标准状态指烟气在温度为273.15K,压力为101 325 Pa时的状态。(　　)

94. 烟囱烟气的抬升高度是由烟气的流速决定的。(　　)

95. 烟囱越高,越有利于高空的扩散稀释作用,地面污染物的浓度与烟囱高度的平方成反比。(　　)

96. 从废气中脱除SO_2等气态污染物的过程,是化工及有关行业中通用的单元操作过程。(　　)

97. 湿法脱硫效率大于干法脱硫效率。(　　)

98. 总的来说,干法脱硫的运行成本要高于湿法脱硫。(　　)

99. 根据吸收剂及脱硫产物在脱硫过程中的干湿状态将脱硫技术分为湿法、干法和半干(半湿)法。(　　)

100. 脱硫工艺燃烧过程中所处位置可分为:燃烧前脱硫、燃烧中脱硫和燃烧后脱硫。(　　)

101. 燃烧前脱硫的主要方式是:洗煤、煤的气化和液化以及炉前喷钙工艺。(　　)

102. 根据脱硫产物有用途,脱硫工艺可分为抛弃法和回收法。(　　)

103. 当发生威胁人身和设备安全的情况时,运行人员应急停个别设备或FGD系统。(　　)

104. 在泵运行时,盘根有少许漏水是正常的。(　　)

105. 在泵运行时,其出口压力是恒定的,否则就需停泵检查原因。(　　)

106. 水泵输送的水温度越高,泵的入口压力就必须升高,否则就可能产生汽蚀现象。(　　)

107. 泵的允许汽蚀余量*NPSH*小于必需汽蚀余量(*NPSH*)r。(　　)

108. 泵的流量与效率是成反比关系的。(　　)

109. 多级立式离心泵很适合用潜水泵用。(　　)

110. 停运离心泵时,首先关闭泵的电源,稳定下来后再关上泵的出口门。(　　)

111. 水泵盘根处若滴水,则应通知检修更换盘根,防止漏水。(　　)

112. 增加泵的几何安装高度时,会在更小的流量下发生汽蚀。(　　)

113. 离心泵运行中盘根发热的主要原因是盘根太多。(　　)

114. 由于循环水泵在正压下工作,所以,循环水泵不需要放空气管。(　　)

115. 循环水泵停泵时,不需关闭出口门,直接停泵备用。(　　)

116. 两台水泵串联运行流量必然相同,总扬程等于两泵扬程之和。(　　)

117. 允许吸上真空高度越大,则说明泵的汽蚀性能越好。(　　)

118. 离心泵管路发生水击的原因之一是水泵或管道中存有空气。(　　)

119. 离心泵出口调节阀开度关小时,泵产生的扬程反而增大。(　　)

120. 泵启动前入口门关闭,出口门开启。(　　)

121. 运行中轴封水使用不当或水压不足,是造成泵轴封水泄漏的主要原因。(　　)

122. 当水泵的工作流量越低于额定流量时,水泵越不易产生汽蚀。(　　)

123. 离心泵在出口全开的情况下启动,电动机不会过载。(　　)

124. 消防工作的方针是"以消为主,以防为辅"。(　　)

125. 通过煤炭洗涤工艺,可以把煤中的有机硫和无机硫去除80%以上。(　　)

126. 物理吸附的吸附力比化学吸附力强。(　　)

127. 物质在静止或垂直于浓度梯度方向作层流流动的流体中传递,是由流体中的质点运动引起的。(　　)

128. 物质在湍流流体中的传递,主要是由于分子运动引起的。(　　)

129. 气体在液体中的扩散系数随溶液浓度变化很大,SO_2在水中的扩散系数远远大于在空气中的扩散系数。(　　)

130. 气体吸附传质过程的总阻力等于气相传质阻力和液相传质阻力之和。(　　)

131. 当总压不高时,在一定温度下,稀溶液中溶质的溶解度与气相中溶质的平衡分压成反比。(　　)

132. 增大气相的气体压力,即增大吸附质分压,不利于吸附。(　　)

133. 脱硫设备采用的防腐材料应不因温度长期波动而起壳或脱落。(　　)

134. 内衬采用橡胶是目前烟气脱硫装置内衬防腐的首要技术。(　　)

135. 循环泵前置滤网的作用是防止塔内沉积物质吸入泵体造成泵的堵塞或损坏,以及吸收塔喷嘴的堵塞和损坏。(　　)

136. 锅炉烟道气脱硫除尘设备腐蚀原因可归纳为三类:化学腐蚀、结晶腐蚀和磨损腐蚀。(　　)

137. 脱硫系统退出运行时,必须及时关闭吸收塔对空排气门,以防热烟气损坏吸收塔防腐层。(　　)

138. 脱硫系统需要投入的循环泵的数量和锅炉负荷的大小及烟气中二氧化硫的浓度无关。(　　)

139. 氧化不充分的浆液易结垢的主要原因是浆液中二水硫酸钙的化学性质不太稳定。(　　)

140. 表示SO_2排放含量的单位主要有ppm和mg/m^3,它们之间可以相互转换。(　　)

141. 经过脱硫的锅炉排烟温度越低越好。(　　)

142. 脱硫系统阀门应开启灵活,关闭严密,橡胶衬里无损坏。(　　)

143. 机组正常运行时,每隔8 h必须化验煤中含硫量。(　　)

144. 在运行过程中,发现空气压缩机油位较低,可直接打开加油孔旋塞进行加油。(   )

145. 脱硫后净烟气通过烟囱排入大气时,有时会产生冒白烟的现象。这是由于烟气中还含有大量未除去的二氧化硫。(   )

146. 残余应力、介质渗透、施工质量是衬里腐蚀破坏的三个方面。(   )

147. 按照金属腐蚀破坏形态可把金属腐蚀分为全面腐蚀和局部腐蚀。(   )

148. 按照腐蚀发生的温度把金属腐蚀分为高温腐蚀和低温腐蚀。(   )

149. 缝隙腐蚀主要发生在沉积物下面,螺栓、垫片和内部金属构件的金属接触点的不流动区。(   )

150. 水泵流量与效率成正比。(   )

151. 离心泵的效率在50%左右。(   )

152. 水泵的实际扬程总是比理论扬程大。(   )

153. 改变管道阻力特性的常用方法是节流法。(   )

154. 启动脱硫循环泵前,首先应开启轴封水,以防机械密封装置烧伤。(   )

155. 应在脱硫循环泵已经启动3~5 s之后再打开泵的入口门。(   )

156. 脱硫循环泵停运7天以上再次启动时,必须联系电气人员对高压电动机绝缘进行测量。(   )

157. 不同液体在相同压力下沸点不同,但同一液体在不同压力下沸点也不同。(   )

158. 在横向冲刷情况下,管束按三角形排列时叫做错排,管束按方形排列叫做顺排。(   )

159. 热电偶必须由两种材料构成。(   )

160. 调节器的放大系数大,调节比较灵敏,且稳定性好。(   )

161. 单位质量的工质所具有的容积称为比容。(   )

162. 以大气压力为零算起时的压力称为表压力。(   )

163. 在并联电路中,各并联支路两端的电压相等。(   )

164. 比例微分调节器的输出只与偏差的大小有关,而与输入偏差的变化速度无关。(   )

165. 流体流过没有阀门的管道时,不会产生局部阻力损失。(   )

166. 三相异步电动机主要由两个基本部分组成,即定子和转子。(   )

167. 负压气力输灰系统可以不用供料设备。(   )

168. 400 V P/C开关是自动空气开关,能切断负荷而不能切断短路电流。(   )

169. 泵的效率试验一般在3个工况点进行试验即可。(   )

170. 做泵的效率试验时,改变工况靠泵进口管道上阀门完成。(   )

171. 带传动和齿轮传动都适合中心距较大的传动。(   )

172. 与带传动相比,链传动可以保证准确的传动比。(   )

173. 一个设备或部件的寿命是指在设计规定条件下的安全使用期限。(   )

174. 阀体的材质选用仅取决于介质的温度。(   )

175. 对新安装的管道及其附件的严密性进行水压试验时,试验压力应等于管道工作时的压力。(   )

176. 将零件的各个表面的真实形状和大小画在一个平面图上的图形,叫表面展开

图。（ ）

177. 热力系统图的绘制原则，一般与厂房内设备的平面布置位置相一致，管道走向也应一致。（ ）

178. 配合的种类有间隙配合、过渡配合、过盈配合三种。（ ）

179. 机械加工的零件表面粗糙度代号为“6/”。（ ）

180. 零件的实际尺寸是设计中给定的尺寸。（ ）

181. 高压验电器是检验高压电器设备、电器导线上是否有电的一种专用工具。（ ）

182. 水泵地脚螺栓松动或基础不牢不会引起振动。（ ）

183. 运行中离心泵因转速降低会导致电流减小。（ ）

184. 主视图确定后，俯视图和左视图并不一定确定。（ ）

185. 工质的基本状态参数有温度、压力和比容，它们不能通过仪表直接测量。（ ）

186. 发电机的额定功率是指发电机输出有用功的能力。（ ）

187. 剖视图是表达机件内部结构的。（ ）

188. ϕ30H8/f7 的轴、孔配合，在轴的零件图上的注法有三种，即 ϕ30H8、ϕ30f7、ϕ30。（ ）

189. 研磨圆柱表面时，工件和研具之间必须是作相对旋转运动的同时，还应作轴向运动。（ ）

190. 刮削余量的合理选择与工作面积、钢性和刮削前的加工方法等因素有关，一般在 0.05～0.4 mm。（ ）

191. 厚度相差较大的钢板相互铆接时，铆钉直径为较厚钢板的厚度。（ ）

192. 轴承内圈用来与轴颈装配，外圈一般与轴套装配。（ ）

193. 轴承拆装的方法有四种。（ ）

五、简 答 题

1. 简述离心泵的工作原理。
2. 为何离心泵启动时要关闭出口阀门？
3. 烟冷泵前置滤网主要作用是什么？
4. 烟气冷却区域工艺水的作用是什么？
5. 齿轮泵内泄漏主要发生在哪些部位？
6. 简述螺杆泵的工作原理。
7. 简述泵的扬程定义。
8. 简述泵的流量定义。
9. 简述泵的功率定义。
10. 为什么要求轴封水压力比除尘循环泵内水压要高？
11. 简述脱硫设备运行或停运过程泵及管路堵塞的原因。
12. 什么是环境污染？
13. 什么是“三同时”原则？
14. 齿轮泵内泄漏排除方法有哪些？

15. 脱硫系统发生火灾时的现象有哪些?
16. 试述脱硫系统发生火灾时的处理方法有哪些。
17. 分析"二次电压正常,二次电流显著降低"的原因。
18. 简述除尘循环泵的轴承箱冷却水来源及作用。
19. 轴流泵的性能曲线如何绘制?
20. 什么是轴流泵的性能曲线中的扬程曲线?
21. 什么是轴流泵的性能曲线中的效率曲线?
22. 硫氧化物的控制方法是什么?
23. 水泵轴承发热的主要原因有哪些?
24. 什么是煤炭中的硫的生命周期?
25. 为什么冬季要两套沉淀池同时穿插运行?
26. 脱硫工艺的基础理论是利用二氧化硫的什么特性?
27. 什么是烟气的标准状态?
28. 什么是轴流泵的性能曲线中的功率曲线?
29. 加药系统投运加药前值班员应做哪些工作?
30. 什么是化学吸附?
31. 化学吸附特征有哪些?
32. 循环水泵启动前为什么要放空气?
33. 离心式水泵为什么不允许在出口门关闭的状态下长时间运行?
34. 什么是脱硫率?
35. 目前在烟气脱硫防腐中,一般采用哪几种防腐材料?
36. 风机出力降低的原因有哪些?
37. 什么是物理吸附?
38. 水泵运行中发现压力波动大或水量小甚至无压力如何处理?
39. 当接到司炉工命令要启炉时,应如何对除尘器运行前操作?
40. 吸附过程可以分为哪几步?
41. 高烟囱排放的好处是什么?
42. 根据控制 SO_2 排放工艺在煤炭燃烧过程中的不同位置,可将脱硫工艺分为几种?
43. 什么是燃烧前脱硫?
44. 什么是燃烧过程中脱硫?
45. 按脱硫剂的种类划分,FGD 技术可分为哪几种?
46. 简述煤中硫含量的分级。
47. 什么是湿法烟气脱硫?
48. 简述湿法脱硫的缺点。
49. 试说明除尘系统工作原理及程序。
50. 为什么要对烟气进行预冷却?
51. 常用的烟气冷却方法有哪几种?
52. 什么是干法烟气脱硫?

53. 如何识读零件图?
54. 干法烟气脱硫有何优点?
55. 脱硫设备对防腐材料的要求是什么?
56. 引起非金属材料发生物理腐蚀破坏的因素主要有哪些?
57. 试说明脱硫系统工作原理及程序。
58. 干法烟气脱硫缺点有哪些?
59. 循环泵前置滤网的主要作用是什么?
60. 简述触电急救的基本原则。
61. 分析电场二次短路的现象、原因及处理方法。
62. 机械密封装置的工作原理是什么?
63. 什么是汽蚀?
64. 机件常用的表述方法是什么?
65. 金属的物理性能和化学性能有哪些?
66. 一般泵运行中检查哪些项目?
67. 离心式水泵在启动前为何要灌水?
68. 检查时泵的电动机应符合什么条件?
69. 一张完整的零件图包括哪些内容?

六、综 合 题

1. 一台离心式清水泵,流量 $Q=4\ 000\ m^3/h$,扬程 $H=16.5\ m$,求水泵的有效功率是多少。

2. 输水管道由两段直径不同的管子组成,已知 $d_1=370\ mm$,$d_2=256\ mm$,若每一段中平均流速 $v_1=1\ m/s$,试求第二段管子中的平均流速。

3. 某输水管道直径为 250 mm,水的平均流速为 1.5 m/s,求每小时通过的体积流量是多少。

4. 已知水泵的流量 $Q_v=280\ t/h$,扬程 $H=180\ m$,密度 $\rho=1\ 000\ kg/m^3$,水泵轴功率 $P=200\ kW$,求水泵的效率 η。

5. 某设备的电动机功率 P 是 80 kW,问在满负荷情况下 24 h 用多少度电。

6. 某容器中水的密度为 $1\ 000\ kg/m^3$,现两个测点处的高度差为 2 m,水平距离为 3 m,试求两点间的压力差。

7. 试述影响除尘器除尘效率的因素。

8. 除尘值班员交接班期间应检查交接哪些项目?

9. 循环水泵运行时发生振动和噪声如何处理?

10. 脱硫设备基本结构必须保证哪些基本条件?

11. 泡沫板脱硫除尘器运行操作事项的内容有哪些?

12. 除尘工岗位职责要求有哪些?

13. 除尘值班员值班时应检查哪些项目?

14. 除尘器运行中如何维护管理?

15. 烟气换热系统有哪两种形式?

16. 试述大气中二氧化硫的来源、转化和归宿。
17. 简述离心泵的工作原理。
18. 什么是泵内汽蚀现象?
19. 简述汽蚀现象对水泵工作的主要影响。
20. 简述二氧化硫的物理及化学性质。
21. 如何对脱硫循环池换水?
22. 脱硫循环水系统主要由哪些部件组成?
23. 转动机械启动前的检查项目是什么?
24. 对脱硫运行人员应进行哪些培训?
25. 我国控制酸雨和SO_2污染所采取的政策和措施是什么?
26. 试述循环泵浆液流量下降的原因及处理方法。
27. 试述轴承过热的原因。
28. 二氧化硫对人体、生物和物品的危害是什么?
29. 温度对衬里的影响主要有哪几个方面?
30. 转动机械停运规定有哪些?
31. 阀门的公称压力和公称直径是什么意思?
32. 中小型异步电动机在运行时进行维护检查的项目有哪些?
33. 电动机轴承过热的原因和处理方法有哪些?

除尘设备运行工(高级工)答案

一、填 空 题

1. 273　2. 1 264　3. 7.909　4. 1 000
5. 958.4　6. 1 min　7. 1/100　8. 多级泵
9. 卧式泵　10. 立式泵　11. 1　12. 轴
13. 传递扭矩　14. 0.25～0.64　15. 65　16. 截断
17. 低于　18. 调节　19. 分流　20. 并联
21. 增加　22. 串联　23. 增大　24. 弹性
25. 串联　26. 并联　27. 防止挡板烟气泄漏
28. 转向是否符合要求　29. 饱和烟气带水　30. 保持吸收塔内的水位
31. 增加石灰石的投配量　32. 压降增加　33. 2 h
34. 进风口位置　35. 电路　36. 电流做功　37. 电功率
38. 电阻　39. 热效应　40. 听、闻、看　41. 切断电源
42. 1‰～3‰　43. 任意两相电源线　44. ±0.015　45. 间隙
46. 加工界　47. 解决　48. 湿式　49. 170℃
50. 电源一相断开　51. 百分表　52. 质量　53. 重度
54. 轴功率　55. 启动前　56. 启动后　57. $CaSO_4 \cdot 2H_2O$
58. 15°　59. 脱硫效率　60. 下降　61. 1.2
62. 1/2　63. 8　64. 石灰石浆液　65. 动能和势能
66. 底流口堵塞　67. 吸收塔顶部标高　68. 30 mm,190 mm,17 mm
69. 工艺水系统　70. 工艺水系统　71. 扩散作用　72. 清空
73. 全面腐蚀　74. 冲洗除雾器　75. 机械　76. 叶轮
77. 固态污染物　78. 2.45　79. MPa　80. 20
81. 浮标　82. 全开　83. 超高压　84. 0.5 h
85. 水泵　86. 除尘水循环系统　87. 机械　88. 脱硫循环水
89. 滞留时间　90. 石膏晶体分级　91. 离心运动　92. 循环浆液密度
93. 自动停运　94. 石膏晶体　95. 显示并提醒　96. 0.1 MPa
97. 轴封水　98. 清水泵　99. 高于　100. 二氧化硫
101. 脱硫循环泵　102. 10 min　103. 活塞泵　104. 防护罩
105. 进水闸门　106. 停泵　107. 3　108. 烟气泄漏
109. 越容易结垢堵塞　110. 吸收塔液位　111. 干净空气
112. 风机超负荷而无法启动　113. 切换过滤器　114. 吸收塔
115. 7 天　116. 烟气抬升高度和烟囱几何高度之和　117. 解析物

118. 清异物　119. 引风机　120. 半小时　121. 尘粒
122. 脱硫池水位　123. 冷却水　124. 沉淀池　125. 氧
126. 主汽管　127. 温度　128. 0～1 800℃　129. 标准表
130. 吸收塔循环浆液 pH 值
131. 打开旁路烟气挡板,减少吸收塔通过烟气量　132. 硬度
133. 分离效果越好　134. 排放浓度　135. 120　136. 1 110～1 130
137. 确保　138. 安全生产　139. 0.05　140. 方键
141. 700～1 500　142. 环境因素　143. 1/4　144. 压力
145. 螺杆泵　146. 99%　147. 电晕封闭　148. 45 号钢
149. 温度　150. 基轴　151. 蒸发量　152. 效率
153. 单元接线图　154. 零件图　155. 劳动　156. 除尘效率
157. 奥氏体　158. 60%～80%　159. 1　160. 降低
161. 8　162. 并联　163. 压力　164. 垂直
165. 电压　166. 10 mg/m^3　167. 75～80℃　168. 立即停泵
169. 大于　170. 工时定额　171. 6～8　172. －30～＋120
173. 应力　174. 内力　175. 法规　176. 正火
177. 2～3　178. T32×12/2-5P 左　179. 正确　180. 漏风
181. 星形四线制　182. 电压低于整定值　183. 钻夹头
184. 装配体的工作位置　185. 基本偏差　186. 套筒扳手
187. Ctrl　188. 未熔化　189. 10～20℃　190. 10℃
191. 拆卸画法　192. 大小和方向

二、单项选择题

1. B　2. B　3. A　4. A　5. C　6. A　7. B　8. D　9. B
10. C　11. D　12. C　13. A　14. C　15. C　16. C　17. B　18. A
19. B　20. A　21. B　22. B　23. B　24. B　25. B　26. A　27. B
28. B　29. B　30. B　31. B　32. A　33. B　34. A　35. A　36. C
37. A　38. B　39. D　40. A　41. A　42. A　43. B　44. B　45. A
46. D　47. A　48. A　49. A　50. B　51. B　52. A　53. C　54. B
55. B　56. C　57. C　58. A　59. B　60. A　61. A　62. A　63. B
64. A　65. D　66. A　67. D　68. B　69. B　70. D　71. D　72. A
73. A　74. C　75. A　76. B　77. A　78. A　79. B　80. C　81. B
82. C　83. B　84. B　85. C　86. A　87. B　88. C　89. B　90. A
91. B　92. B　93. C　94. C　95. B　96. D　97. A　98. A　99. C
100. C　101. B　102. B　103. A　104. D　105. C　106. A　107. D　108. D
109. B　110. A　111. D　112. A　113. D　114. A　115. C　116. A　117. A
118. A　119. A　120. D　121. B　122. B　123. C　124. B　125. A　126. A
127. A　128. C　129. A　130. B　131. A　132. B　133. C　134. C　135. B
136. C　137. B　138. A　139. D　140. A　141. B　142. A　143. C　144. B

145. B 146. B 147. A 148. A 149. A 150. C 151. C 152. B 153. D
154. C 155. D 156. C 157. C 158. C 159. A 160. C 161. B 162. C
163. B 164. B 165. B 166. B 167. D 168. B 169. B 170. D 171. D
172. A 173. C 174. B 175. D 176. C 177. D 178. C 179. B 180. B
181. D 182. A 183. B 184. A 185. B 186. D 187. D 188. B 189. A
190. B 191. C 192. A 193. D 194. B 195. B 196. A 197. B 198. C
199. D

三、多项选择题

1. ABC 2. ACD 3. BD 4. AC 5. ABCD 6. BCD 7. ABCD
8. BD 9. AD 10. ABC 11. ABCD 12. AC 13. BC 14. ABCD
15. BCD 16. ABCD 17. ABCD 18. ABCD 19. ABCD 20. AC 21. ABD
22. AB 23. AB 24. ABCD 25. ABD 26. BCD 27. ABCD 28. BCD
29. ABC 30. AD 31. ABCD 32. ABD 33. CD 34. ACD 35. AC
36. BC 37. AB 38. ABD 39. AC 40. ABD 41. AC 42. ABC
43. ABC 44. ACD 45. ABCD 46. ABCD 47. AC 48. ABCD 49. ABCD
50. BC 51. ACD 52. BCD 53. ABCD 54. ABCD 55. AB 56. ABCD
57. ABC 58. AD 59. AB 60. CD 61. ABC 62. AD 63. ABC
64. BCD 65. ACD 66. ABC 67. ABCD 68. CD 69. AB 70. AC
71. BC 72. ABC 73. ACD 74. ABD 75. ABC 76. ABCD 77. BC
78. BCD 79. AD 80. ABC 81. AD 82. BC 83. BC 84. BC
85. AB 86. BC 87. BC 88. ABC 89. BC 90. CD 91. AB
92. AB 93. ABC 94. BD 95. AB 96. AC 97. BC 98. BCD
99. ABD 100. ABD 101. BD 102. ABC 103. BC 104. AC 105. AB
106. CD 107. ABCD 108. AC 109. ACD 110. ABD 111. AB 112. ACD
113. CD 114. ABD 115. ABD 116. ABC 117. AC 118. ABC 119. CD
120. ACD 121. AC 122. ABCD 123. ABC 124. AC 125. ABC 126. AB
127. BC 128. ACD 129. BD 130. AC 131. AC 132. AD 133. AB
134. AD 135. AB 136. BCD 137. ABC 138. AC 139. BD 140. CD
141. ACD 142. ABC 143. CD 144. ACD 145. CD 146. AB 147. AB
148. ABCD 149. ACD 150. ABCD 151. AB 152. ABC 153. ABCD 154. ABCD
155. ABD 156. ABCD 157. AC 158. BCD 159. CD 160. AB 161. AB
162. BD 163. AD 164. CD 165. CD 166. ABC 167. BCD 168. BCD
169. ACD 170. ABD 171. AB 172. ACD 173. ABD 174. ABD 175. ACD
176. ACD 177. AC 178. AB 179. ABC 180. ABCD 181. BC 182. ACD
183. AC 184. AB 185. AD 186. AC 187. ABCD 188. ABC

四、判 断 题

1. √ 2. √ 3. √ 4. √ 5. × 6. √ 7. √ 8. √ 9. √
10. × 11. × 12. × 13. √ 14. √ 15. √ 16. √ 17. × 18. √

19. × 20. √ 21. √ 22. √ 23. √ 24. √ 25. √ 26. √ 27. √
28. √ 29. √ 30. √ 31. √ 32. √ 33. √ 34. √ 35. √ 36. √
37. √ 38. √ 39. √ 40. √ 41. √ 42. √ 43. √ 44. × 45. √
46. √ 47. √ 48. × 49. √ 50. × 51. √ 52. × 53. × 54. √
55. √ 56. √ 57. √ 58. × 59. √ 60. √ 61. √ 62. × 63. √
64. √ 65. × 66. × 67. √ 68. √ 69. × 70. √ 71. × 72. ×
73. √ 74. √ 75. √ 76. √ 77. × 78. √ 79. × 80. × 81. √
82. √ 83. × 84. × 85. × 86. √ 87. √ 88. √ 89. √ 90. √
91. √ 92. √ 93. √ 94. × 95. √ 96. √ 97. √ 98. × 99. √
100. √ 101. × 102. √ 103. √ 104. √ 105. × 106. √ 107. × 108. ×
109. √ 110. × 111. × 112. √ 113. × 114. × 115. × 116. √ 117. √
118. √ 119. √ 120. × 121. √ 122. × 123. × 124. × 125. × 126. ×
127. × 128. × 129. × 130. √ 131. × 132. × 133. × 134. × 135. √
136. × 137. × 138. × 139. × 140. √ 141. × 142. √ 143. √ 144. ×
145. × 146. √ 147. √ 148. × 149. √ 150. √ 151. × 152. × 153. √
154. √ 155. × 156. √ 157. √ 158. √ 159. × 160. √ 161. √ 162. √
163. √ 164. × 165. × 166. √ 167. × 168. × 169. × 170. × 171. ×
172. √ 173. √ 174. × 175. × 176. × 177. √ 178. √ 179. × 180. ×
181. √ 182. × 183. √ 184. × 185. × 186. √ 187. √ 188. × 189. √
190. √ 191. × 192. × 193. √

五、简 答 题

1. 答:离心泵工作原理是:当泵叶轮被电动机带动旋转时,充满于叶片之间的介质随同叶轮一起转动(2 分),在离心力作用下,介质从叶片间的横道甩出,而介质外流造成叶轮入口处形成真空(1 分),介质在大气压作用下会自动吸进叶轮补充,由于离心泵不停地工作,将介质吸进压出,便形成了连续流动(2 分)。

2. 答:因离心泵启动时,泵的出口管路内还没有介质,因此还不存在管路阻力和提升高度阻力,在泵启动后,泵扬程很低,流量很大(2 分),此时泵电机(轴功率)输出很大(泵性能曲线),很容易超载,就会使泵的电机及线路损坏,因此启动时要关闭出口阀,才能使泵正常运行(3 分)。

3. 答:烟冷泵前置滤网主要作用是防止塔内沉淀物质吸入泵体造成泵的堵塞或损坏,以及防止烟冷器喷嘴的堵塞和损坏(5 分)。

4. 答:主要作用为:(1)烟气紧急冷却(1 分);(2)冲洗浆液管道(2 分);(3)短时维持吸收塔液位(2 分)。

5. 答:泄漏部位有:

(1)轴向间隙处,齿轮端面与端盖之间的间隙(2 分)。

(2)径向间隙,齿轮顶与泵体内壁之间的间隙(2 分)。

(3)侧向间隙两齿轮的齿面啮合处(1 分)。

6. 答:泵工作时,主动螺杆带动从动螺杆反向旋转(1 分),在吸入口处,啮合空间逐渐打开，使吸入室容积增大(1分)，压力降低，而将液体吸入(1分)，液体进入泵后随螺杆旋转而做轴向移动，在排出口处(1分)，啮合空间逐渐变小，压力增大，将液体排出(1分)。

7. 答：流量：水泵的流量又称为输水量，它是指水泵在单位时间内输送水的数量(5分)。

8. 答：扬程：水泵的扬程是指水泵能够扬水的高度。水泵扬程＝吸水扬程＋压水扬程(5分)。

9. 答：功率：在单位时间内，机器所做功的大小叫做功率。通常讲水泵功率就是指轴功率(5分)。

10. 答：轴封水主要作用是冷却轴封装置和禁止泵内循环水外流，所以要求轴封水压一定高于泵的出水压力(5分)。

11. 答：(1)浆液中有机械异物(包括衬橡胶管损坏后的胶片)或垢片造成管路堵塞(2分)；(2)系统中泵的出力严重下降，使向高位输送的管道堵塞(2分)；(3)管内结垢造成通流截面变小(1分)。

12. 答：环境污染是指自然原因与人类活动引起的有害物质或因子进入环境，并在环境中迁移、转化，从而使环境的结构和功能发生变化，导致环境质量下降，有害于人类以及其他生物生存和正常生活的现象，简称为污染(5分)。

13. 答："三同时"原则是指一切企事业单位，在进行新建、改建和扩建时，其中防止污染和其他公害的设施，必须与主体工程同时设计，同时施工，同时投产(5分)。

14. 答：排除方法有：

(1)减少轴向间隙，符合规定数值(1分)。

(2)提高装配精度(1分)。

(3)提高泵的刚度，减少泵盖受压变形(2分)。

(4)采取轴向液压间隙补偿机构(1分)。

15. 答：(1)火警系统发出声、光报警信号(1分)；(2)运行现场有烟、火及焦煳味(1分)；(3)若发生动力电缆或控制信号电缆着火，相关设备可能跳闸，参数会发生剧烈变化(3分)。

16. 答：(1)正确判断火灾的地点、性质及危险性(1分)。(2)选择正确的灭火器迅速灭火，必要时关停脱硫系统(2分)。(3)联系班长、值长及有关部门，根据指示进行灭火(1分)。(4)灭火工作结束后，恢复正常运行(1分)。

17. 答：原因有：

(1)收尘极板积灰过多(1分)。

(2)收尘极或电晕极的振打装置未开或失灵(2分)。

(3)电晕线肥大，造成放电不良(1分)。

(4)烟气中粉尘浓度过大，出现电晕封闭(1分)。

18. 答：由净化泵间自来水管引出，作用是冷却除尘循环泵的轴承箱轴承及润滑油温(5分)。

19. 答：轴流泵的性能曲线是由实验的方法绘制的。当轴流泵的叶片安装角不变和转数为常数时，便可得到一组性能曲线(5分)。

20. 答：扬程曲线：为一条马鞍形的曲线，即流体所获得的能量随流量的增加先是下降，然后有一个不大的回升，最后又下降，在出口阀门关死的情况下，扬程最高，约为设计工况的1.5～2倍(5分)。

21. 答:效率曲线:效率曲线上高效率的范围不大,一离开设计工况点,不论是流量增加还是减小,效率的数值都要迅速下降(5分)。

22. 答:(1)改用含硫低的燃料(1分)。

(2)少燃煤或不烧煤而改用其他能源(1分)。

(3)加高烟囱,加强空气的稀释扩散作用(1分)。

(4)通过加强燃烧效率,减少燃料的耗用率(1分)。

(5)从烟气中脱硫(0.5分)。

(6)从烟气中预先脱硫(0.5分)。

23. 答:主要原因如下:

(1)轴承安装不正确或摩擦(1分)。

(2)轴承断裂或散架(1分)。

(3)轴承滚珠或内外金属脱皮(1分)。

(4)油位过低(1分)。

(5)润滑油严重劣化(1分)。

24. 答:煤炭中的硫的生命周期指煤炭经过开采、加工、节输、转换和终端使用等环节,其中的硫也经历了相应的环节,经历了从产生到进入大气环境的整个生命过程(5分)。

25. 答:为保证除尘器用水及除尘循环泵的安全运行,冬季采暖期间两套沉淀池同时穿插运行(2分)。这样,有两个蓄水池同时供水可满足多台除尘器大负荷循环水工作的需求,又能保证除尘循环泵稳定运行,不至于因水量不足而抽空损坏设备(3分)。

26. 答:(1)二氧化硫的酸性(1分)。

(2)与钙等碱性元素能生成难溶物质(1分)。

(3)在水中有中等的溶解度(1分)。

(4)还原性(1分)。

(5)氧化性(1分)。

27. 答:标准状态指烟气在温度为273.15K(0℃),压力为101 325 Pa(一个标准大气压)时的状态(5分)。

28. 答:功率曲线:与扬程曲线类似亦为马鞍形。当流量为零时功率最大,故轴流泵在启动时应全开出口阀门(5分)。

29. 答:加药前值班员应到现场检查脱硫循环池水位情况,并向搅拌箱注水使其水位满足要求后进行加药,要边加药边搅动加快其融化再由加药泵输送到各脱硫循环池内(5分)。

30. 答:化学吸附是由于吸附剂与吸附质间的化学键力而引起的,是单层吸附,吸附需要一定的活化能(5分)。

31. 答:化学吸附主要特征是:

(1)吸附有强的选择性(2分)。

(2)吸附速率较慢,达到吸附平衡需要相当长的时间(2分)。

(3)升高温度可以提高吸附速率(1分)。

32. 答:循环水泵进口积聚了大量的空气,这些空气如进入叶轮,将引起水泵汽蚀,在凝气器内的空气占有一定的空间,使循环水通流面积减少,减少冷却面积,影响冷却效果,同时空气在管道内会产生冲击,严重时会使凝气器水室端盖变形(5分)。

33. 答：一般离心式水泵的特性是流量越小，出口压力越高，耗功越小，所以出口门关闭情况下电动机耗功最小，对电动机运行无影响，但此时水泵耗功大部分转变为热能，使泵中液体温度升高，发生汽化，这会导致离心泵损坏(5分)。

34. 答：脱硫率是指烟气中的SO_2被脱硫剂吸收的百分比(2分)。

计算公式为：

$\eta=(C_{SO_2}-C'_{SO_2})/C_{SO_2}\times100\%$(1分)

式中 C_{SO_2}——加脱硫剂前的SO_2浓度，mol/m^3；(1分)

C'_{SO_2}——加脱硫剂后的SO_2浓度，mol/m^3。(1分)

35. 答：目前在烟气脱硫防腐中，一般采用以下几种防腐材料：

(1)镍基耐蚀合金(0.5分)。

(2)橡胶衬里，特别是软橡胶衬里(1分)。

(3)合成树脂涂层，特别是带玻璃鳞片的(1分)。

(4)玻璃钢(0.5分)。

(5)耐蚀塑料，如聚四氟乙烯、PP(0.5分)。

(6)不透性石墨(0.5分)。

(7)耐蚀硅酸盐材料，如化工陶瓷(0.5分)。

(8)人造铸石(0.5分)。

36. 答：风机出力降低的原因有：

(1)气体成分变化或气体温度高，使密度减小(1分)。

(2)风机出口管道风门积杂物堵塞(1分)。

(3)入口管道风门或网罩积杂物堵塞(1分)。

(4)叶轮入口间隙过大或叶片磨损严重(1分)。

(5)转速变低(1分)。

37. 答：物理吸附是由于分子间范德华力引起的，它可以是单层吸附，也可以是多层吸附(5分)。

38. 答：遇到这种情况，首先要查水泵入口是否有空气存在，吸水池水位(即吸水量)是否充足，要及时补足水量，排除入口空气(清水泵要灌水)，然后再启泵至正常运行(5分)。

39. 答：首先检查循环水母管是否有水，去往运行炉除尘器分水阀门是否正常，除尘器内、外是否正常(包括喷嘴)，一切检查无误后(2分)，调整分水阀开度至运行规定水压(3分)。

40. 答：吸附过程可以分为以下三步：

(1)外扩散。吸附质以气流主体穿过颗粒周围气膜扩散至外表面(2分)。

(2)内扩散。吸附质由外表面经微孔扩散至吸附剂微孔表面(2分)。

(3)吸附。到达吸附剂微孔表面的吸附质被吸附(1分)。

41. 答：利用具有一定高度的烟囱，可以将有害烟气排放到远离地面的大气层中，利用自然条件使污染物在大气中弥漫、稀释，大大降低污染物浓度，达到改善污染源附近地区大气环境的目的(5分)。

42. 答：根据控制SO_2排放工艺在煤炭燃烧过程中的不同位置，可将脱硫工艺分为燃烧前脱硫、燃烧中脱硫和燃烧后脱硫。燃烧前脱硫主要是选煤、煤气化、液化和水煤浆技术(3分)；燃烧中脱硫是指清洁燃烧、流化床燃烧等技术；燃烧后脱硫是指利用石灰石-石膏法、海水洗涤法等对燃烧烟气进行脱硫的技术(2分)。

43. 答:燃烧前脱硫就是在燃料燃烧前,用物理方法、化学方法或生物方法把燃料中所含有的硫部分去掉,将燃料净化(5分)。

44. 答:燃烧过程中脱硫就是在燃烧过程中加入固硫剂,使燃料中的硫分转化成硫酸盐,随炉渣一起排出(3分)。按燃烧方式不同可分为:层燃炉脱硫、煤粉炉脱硫和沸腾炉脱硫(2分)。

45. 答:按脱硫剂的种类,FGD技术可分为以下几种:

(1)以$CaCO_3$石灰石为基础的钙法(1分)。

(2)以MgO为基础的镁法(1分)。

(3)以Na_2SO_3为基础的钠法(1分)。

(4)以NH_3为基础的氨法(1分)。

(5)以有机碱为基础的有机碱法(1分)。

46. 答:按煤中硫的不同含量可将煤分为6级(2分):(1)特低硫煤:$S_{t,d} \leqslant 0.50\%$(0.5分);(2)低硫分煤:$S_{t,d}=0.51\% \sim 1.00\%$(0.5分);(3)低中硫煤:$S_{t,d}=1.01\% \sim 1.50\%$(0.5分);(4)中硫分煤:$S_{t,d}=1.51\% \sim 2.00\%$(0.5分);(5)中高硫煤:$S_{t,d}=2.01\% \sim 3.00\%$(0.5分);(6)高硫分煤:$S_{t,d}>3.00\%$(0.5分)。

47. 答:湿法烟气脱硫是相对于干法烟气脱硫而言的。无论是吸收剂的投入,吸收反应的过程,脱硫副产物的收集和排放,均以水为介质的脱硫工艺,都称为湿法烟气脱硫(5分)。

48. 答:系统复杂,设备庞大,占地面积大,一次性投资多,运行费用较高,耗水量大(5分)。

49. 答:主要靠除尘循环水在除尘器中的旋流、喷淋等作用,将烟气中的尘粒吸附分离出来达到除尘和净化烟气的目的(2分)。工作程序是由循环泵(渣浆泵)将蓄水池的水抽送到运行除尘器除尘部分各喷嘴后喷出,形成旋流、水幕等形式与烟气接触达到除尘效果(3分)。

50. 答:大多数含硫烟气的温度为120～185℃或更高,而吸收操作则要求在较低的温度下(60℃左右)进行,因为低温有利于吸收,而高温有利于解析(3分)。另外,高温烟气会损坏吸收塔防腐层或其他设备。因此,必须对烟气进行预冷却(2分)。

51. 答:常用的烟气冷却方法有三种:(1)用烟气换热器进行间接冷却(2分)。(2)用喷淋水直接冷却(1分)。(3)用预洗涤塔除尘、增湿、降温(2分)。

52. 答:干法烟气脱硫是指无论加入的脱硫剂是干态的还是湿态的,脱硫的最终反应产物都是干态的(5分)。

53. 答:(1)看标题栏(1分);(2)分析图形想象零件的结构形状(2分);(3)分析尺寸标注(1分);(4)了解技术要求(1分)。

54. 答:与湿法烟气脱硫工艺相比,干法烟气脱硫具有以下优点:投资费用较低(1分);脱硫产物呈干态,并与飞灰相混(1分);无需装设除雾器及烟气再热器(2分);设备不易腐蚀,不易发生结垢及堵塞(1分)。

55. 答:(1)所用防腐材质应当耐瞬时高温,在烟道气温下长期工作不老化、龟裂,具有一定的强度和韧性(2分)。(2)采用的材料必须易于传热,不因温度长期波动而起壳或脱落(3分)。

56. 答:腐蚀介质的渗透作用(1分);应力腐蚀(1分);施工质量(1分)。残余应力、介质渗透、施工质量是衬里腐蚀破坏的三个方面,三者互相促进(2分)。

57. 答:原理是利用水的喷淋、吸附等作用除去烟气中SO_2(2分)。其工作程序是:循环池的水由脱硫循环泵抽送到高效净化元件上部由喷管喷出,均匀下降的水穿过高效净化元件与烟气充分接触,将烟气中大部分SO_2和细烟尘除去(3分)。

58. 答:与湿法烟气脱硫工艺相比,干法烟气脱硫具有以下缺点:吸收剂的利用率低于湿法烟气脱硫工艺,用于高硫煤时经济性差(2分);飞灰与脱硫产物相混可能影响综合利用(2分);对过程程控要求很高(1分)。

59. 答:循环泵前置滤网的主要作用是防止塔内沉淀物质吸入泵体造成泵的堵塞或损坏及吸收塔喷嘴的堵塞和损坏(5分)。

60. 答:(1)应尽快采取正确措施使触电者脱离电源(1分)。(2)根据触电者的伤情,立即在现场或附近就地开展人工呼吸或胸外心脏按压等抢救工作(1分)。(3)救治要坚持不懈地进行,要有信心、耐心,不要因一时抢救无效而放弃抢救(2分)。(4)救治时要保持头脑清醒,要注意防止发生救护人员触电事故(1分)。

61. 答:(1)现象:一次电压很低,二次电压接近为零,一次电流较大,二次电流很大(1分)。

(2)原因分析:高压电缆击穿或终端绝缘损坏,击穿造成对地短路(1分)。电晕线断线,造成极间短路(1分)。

(3)处理方法:更换电缆或终端接头(1分)。停炉处理断线(1分)。

62. 答:机械密封装置依靠工作液体及弹簧的压力作用在动环上,使之与静环互相紧密配合,达到密封效果(5分)。

63. 答:泵内反复地出现液体汽化和凝结的过程而引起金属表面受到侵蚀的现象,称为汽蚀(5分)。

64. 答:(1)视图:基本视图、局部视图、斜视图、旋转视图(2分)。

(2)剖视:全剖、半剖、局剖、斜剖、阶梯剖、旋转复合剖(1分)。

(3)剖面:移出剖面、重合剖面(1分)。

(4)局部放大、断裂画法等(1分)。

65. 答:金属的物理性能主要包括密度、熔点、导热性、导电性、热膨胀性和磁性(3分)。金属的化学性能主要包括耐腐蚀性、抗氧化性和化学稳定性(2分)。

66. 答:(1)对电动机应检查:联锁位置、轴承温度、轴承振动、运转声音等正常,接地线良好,地脚螺栓牢固(2分)。

(2)对泵体应检查:出口压力应正常,盘根不发热和滴水正常,轴瓦油质良好,油圈带油正常,无漏油,联轴器罩固定良好(2分)。

(3)有关仪表应齐全,完好,指示正常(1分)。

67. 答:离心力的大小与介质质量有关,质量越大,旋转时产生的离心力就越大(2分)。因为水的密度是空气密度的一千倍左右,如离心泵在启动前不灌水就不能将泵内空气排出,它所产生的离心力就太小,不能将水吸上来,泵出口就不能建立起正常压力,所以泵在启动前要灌水(也叫灌引水)(3分)。

68. 答:电动机接地线完好无损,连接牢固(1分);地脚螺栓完好紧固(1分);裸露的转动部分均应有防护罩,并且牢固可靠(2分);振动符合标准(1分)。

69. 答:(1)一组图形(1分);(2)完整的尺寸(2分);(3)技术要求(1分);(4)标题栏(1分)。

六、综 合 题

1. 解:已知 $Q=4\ 000\ m^3/h=1.11\ m^3/s$,$H=16.5\ m$,$\gamma=9\ 800\ N/m^3$(5 分)。

水泵的有效功率:$N_e=\frac{\gamma QH}{1\ 000}=\frac{9\ 800\times1.11\times16.5}{1\ 000}=179\ kW$(5 分)。

2. 解:根据连续性方程得:

$v_2=v_1d_1^2/d_2^2$(5 分)

$=1\times0.37^2/0.256^2$(3 分)

$=2.09(m/s)$(2 分)

3. 解:体积流量 $V=\pi d^2v/4$(5 分)

$=3.14\times0.25^2\times1.5\times3\ 600/4$(3 分)

$=280(m/h)$(2 分)

4. 解:$\eta=P_e/P$(3 分)

$=\rho gQH/P$(3 分)

$=1\ 000\times9.8\times280\times180/(3\ 600\times1\ 000\times200)$(2 分)

$=68.6\%$(2 分)

5. 解:用电量 $W=Pt$(4 分)

$=80\times24$(4 分)

$=1\ 920(kW\cdot h)$(2 分)

6. 解:$p=p_0+\rho gh$(3 分)

所以压力差 $\Delta p=\rho g\Delta h$(3 分)

$=1\ 000\times9.8\times2$(2 分)

$=19\ 600(Pa)$(2 分)

7. 答:(1)入口风速(2 分)。

(2)除尘器的结构尺寸(其他条件不变的情况下,筒体直径越小,尘粒所受的离心力越大,除尘效率越高)(3 分)。

(3)粉尘粒径和密度(3 分)。

(4)灰斗的气密性(2 分)。

8. 答:(1)循环水泵及清水泵运行情况(包括清水池水位):水泵出口压力、泵体及轴承振动情况,轴承箱油位、油质及温升情况(2 分)。

(2)蓄水池水位情况:是否在正常水位范围,水面是否有解析物或其他杂质飘浮,是否灌入清水池现象(2 分)。

(3)沉淀池情况:水位是否正常,灰水槽及进池闸门处是否沉积堵塞,拦灰浮标是否在正常位置(2 分)。

(4)各除尘器进水压力是否正常,环形喷嘴及出水口处是否有堵塞现象(2 分)。

上述各项如发现异常应处理后交接并如实记录在交接班记录中(2 分)。

9. 答:如果发生振动一要检查吸入管是否有故障,如阻力、空气等;二要检查泵基础地脚等是否振动(3 分);三要检查电机与泵对轮连接是否正常,弹性垫或销是否损坏,轴中心是否有偏差等(3 分)。如发现问题,应立即停泵处理,泵如果发生噪声主要是入口存在空气或阻力过大应停泵查明原因及时排除空气再启泵(4 分)。

10. 答:(1)设备应具有足够的刚性,任何结构变形,均会导致衬里破坏(3 分)。(2)内焊缝必须满焊,焊瘤高度不应大于 2 mm,不得错位对焊,且焊缝应光滑平整无缺陷(3 分)。(3)内支撑件及框架不得用角钢、槽钢、工字钢,以方钢或圆钢为主(2 分)。(4)外接管应以法兰连接,禁止直接焊接,且法兰接头应确保衬里施工操作方便(2 分)。

11. 答:(1)启动前应通水检查各循环水及冲洗水入口阀手轮齐全,开关灵活,各喷淋喷嘴齐全无堵塞,压力表检验合格在有效期内,除尘器内无积灰结垢,防腐层等无脱落现象试水合格(3 分)。

(2)接到司炉工准备启炉命令后,要确定循环水母管是否已有水循环,然后开启喷淋及冲洗水阀调整运行水压至规定值(2 分)。

(3)运行正常后每两小时检查一次运行情况,各除尘器溢水口应出水正常,沉积无堵塞,检查后将情况和数据记录到交接班表格和记录栏中(3 分)。

(4)锅炉停炉时各阀门应关小,维持一段时间后关闭(2 分)。

12. 答:(1)除尘工应熟知各除尘器设备操作程序,严格按操作规程操作设备(3 分)。

(2)值班期间应对每次现场检查情况认真记录,有问题需处理时,记录问题发现的时间、汇报和处理情况等(3 分)。

(3)值班期间要及时了解锅炉运行状态,根据锅炉负荷调整除尘器供水量和水压(2 分)。

(4)值班人员要严格履行交接班制度和程序,做好设备的交接管理工作(2 分)。

13. 答:(1)检查水泵是否平稳正常运行,出口压力是否符合要求(2 分)。

(2)检查沉淀池水位是否在允许范围内,灰水槽是否有沉积堵塞现象(2 分)。

(3)检查各除尘器进水压力(或阀门开度)是否正确,出口排水是否畅通(2 分)。

(4)检查各管路、方筒、麻石槽、阀门等是否有漏水和损坏,各除尘器体及烟道是否因磨损而漏风(2 分)。

(5)检查线路上各照明是否正常(2 分)。

14. 答:除尘器运行是否正常,对除尘效果有很大影响,因此,除尘器运行中应做好如下管理维护工作(2 分):

(1)随时检查各除尘器排水口是否正常,有否堵塞和漏风,保持严密畅通(2 分)。

(2)定期排除旋风除尘器内部积灰,放灰装置应灵活好用(2 分)。

(3)湿式除尘器要保证和供水管路阀门后检查保养,以保证除尘器供水量和水压正常,保证除尘器高效率工作(2 分)。

(4)要注意检查除尘器喷嘴的磨损和腐蚀情况,发现后要及时予以修补或更换损坏的部件(2 分)。

15. 答:烟气换热系统有蓄热式和非蓄热式两种形式。

(1)蓄热式工艺利用未脱硫的烟气加热冷空气,统称 GGH,分回转式烟气换热器、介质循环换热器和管式换热器,均通过载热体或载热介质将热量传递给冷空气(5 分)。(2)非蓄热式换热器通过蒸汽、天然气等将热煤重新加热,分为直接加热和间接加热。直接加热是燃烧加热部分冷空气,然后冷热烟气混合达到所需温度;间接加热是用低压蒸汽($\geqslant 2\times10^5$ Pa)通过热交换器加热冷烟气(5 分)。

16. 答:大气中的二氧化硫既来自人为污染又来自天然释放。天然源的二氧化硫主要来自陆地和海洋生物残体的腐解和火山喷发等;人为源的二氧化硫主要来自化石燃料的燃烧(5分)。

二氧化硫的氧化主要有两种途径:催化氧化和光化学氧化。二氧化硫在大气中发生一系列的氧化反应,形成三氧化硫,进一步形成硫酸、硫酸盐和有机硫化合物,然后以湿沉降的方式降落到地表。二氧化硫是形成酸雨的主要因素之一(5分)。

17. 答:离心式泵由叶轮、压出室、吸入室、扩压管等部件组成(2分)。当原动机通过轴驱动叶轮高速旋转时,叶轮上的叶片将迫使流体旋转,即叶片将沿其圆周方向对流体做功,使流体的压力能和动能增加。在惯性离心力和压差的作用下,流体将从叶轮外缘出口排出(4分)。同时,由于惯性离心力的作用,流体由叶轮出口排出,在叶轮中心形成流体空缺的趋势,即在叶轮中心形成低压区,在吸入端压力的作用下,流体由吸入管经吸入室流向叶轮中心。当叶轮连续旋转时,流体也连续地从叶轮中心吸入,经叶轮外缘出口排出,形成离心式泵连续输送流体的工作过程(4分)。

18. 答:泵运转时,在叶轮进口处是液流压力最低位置,当该部位的液体局部压力下降到等于或低于当时温度下的汽化压力时,液流经过该处就要发生汽化,产生气泡(3分)。这些气泡随液体进入泵内至压力较高的部位时,在气泡周围较高压力液流的作用下,气泡受压缩就会迅速破裂,产生巨大的冲击(3分)。当气泡破裂发生在流道的壁面处,将生成一股微细水流,它以高速冲击壁面,在壁面形成局部高压,结果在壁面上产生了微观裂纹(2分)。上述的气泡形成、发展、破裂,以致使过流壁面遭到破坏的全过程,称为泵的汽蚀现象(2分)。

19. 答:流量减少,扬程降低,效率降低。泵的内部由于产生大量气泡充塞叶片流道,影响水流正常运动,减少了叶片对水的能量传递,因而使水泵的性能参数急剧下降(3分)。当离心泵在运行中发生汽蚀时,因气泡在液体压力高的地方迅速破裂而消失,使叶片上或泵壳等地方,由于高压液体猛烈冲击而引起噪声和振动(3分)。同时吸水真空表和出水压力表的指针来回摆动,很不稳定(2分)。汽蚀发生时,由于机械剥蚀和化学腐蚀的共同作用,使金属材料受到破坏(2分)。

20. 答:二氧化硫又名亚硫酐,为无色有强烈辛辣刺激味的不燃性气体(3分)。分子相对质量为64.07,密度为2.3 g/L,熔点为−72.7℃,沸点为−10℃。溶于水、甲醇、乙醇、硫酸、醋酸、氯仿和乙醚,易于水混合,生成亚硫酸(H_2SO_3),氧化后转化为硫酸。在室温及392.266~490.333 kPa(4~5 kgf/cm^2)压强下,二氧化硫为无色流动液体(7分)。

21. 答:分连续换水和定期换水两种(2分)。在补水量充足的情况下采用连续换水,方法是将脱硫循环池排污阀打开少许连续排污,并通过调整补水量来保持脱硫循环池的水位(3分);如果在补水量不足的情况下可采用定期换水方式,即将一台除尘器脱硫循环池补水至最高水位,然后开大排污阀放水排污,当水位降低到一定程度(保证循环泵正常运行的最低水位)时,关闭排污阀,调整水位正常后再对下一台除尘器进行定期换水(3分)。每班每台除尘器换水不应少于两次(2分)。

22. 答:由脱硫循环池、脱硫循环泵、喷管及净化元件等组成(3分)。其工作程序是:脱硫剂经搅拌箱加水搅拌后形成碱性溶液,由加药泵输送到各除尘器的脱硫循环池中,再由脱硫循环泵将池内水抽送到高效净化元件上部由喷管喷出,均匀下降的吸收液穿过高效净化元件与烟气充分接触,将烟气中大部分SO_2和细烟尘除去。而经中和反应后的溶液又通过集水槽返回脱硫循环池(4分)。如此循环使用,脱硫生成物及细灰尘则通过脱硫循环池底部的排污管经排水槽排入沉淀池中(3 分)。

23. 答:检查项目有:查工作票终结,安全措施全部拆除(2 分)。现场整洁无杂物,照明充足。泵与电机的地脚螺栓无松动,电机接地线良好,靠背轮的防护罩齐全、牢固(3 分)。润滑系统正常,油窗清晰、油质良好,油位不低于 1/2,冷却水、轴封水畅通,泄水无堵塞(3 分)。转动部分盘车轻便,各电动门正常。联锁开关、事故按钮操作灵便、试验良好(2 分)。

24. 答:应对脱硫装置的管理和运行人员进行定期培训,使他们系统掌握脱硫设备及其他附属设施的正常运行操作和应急处理措施(2 分)。运行操作人员上岗前还应进行以下内容的专业培训:(1)启动前的检查和启动要求的条件(1 分)。(2)处置设备的正常运行,包括设备的启动和停运(1 分)。(3)控制、报警和指示系统的运行和检查,以及必要时的纠正操作(1 分)。(4)最佳的运行温度、压力、脱硫效率的控制和调节方法,以及保持设备良好运行的条件(1 分)。(5)设备运行故障的发现、检查和排除(1 分)。(6)事故或紧急状态下人工操作和事故处理(1 分)。(7)设备日常和定期维护(1 分)。(8)设备运行维护记录,以及其他事件的记录和报告(1 分)。

25. 答:(1)把酸雨和 SO_2 污染综合防治工作纳入国民经济和社会发展计划(2 分)。

(2)根据煤炭中硫的生命周期进行全过程控制(2 分)。

(3)调整能源结构,优化能源质量,提高能源利用率(2 分)。

(4)重点治理火力发电厂的 SO_2 污染(2 分)。

(5)研究开发 SO_2 治理技术和设备(1 分)。

(6)实施排污许可证制度,进行排污交易试点(1 分)。

26. 答:循环泵浆液流量下降会降低吸收塔液气比,使脱硫效率降低(2 分)。

造成这一现象的原因主要有:(1)管道堵塞,尤其是入口滤网易被杂物堵塞(1 分)。(2)浆液中的杂物造成喷嘴堵塞(1 分)。(3)入口门开关不到位(1 分)。(4)泵的出力下降(1 分)。

对应的处理方法分别是:(1)清理堵塞的管道和滤网(1 分)。(2)清理堵塞的喷嘴(1 分)。(3)检查入口门(1 分)。(4)对泵进行解体检查(1 分)。

27. 答:(1)轴承供油不足,油脂过多或过少(2 分);(2)油质不清洁,油太浓,油中带水乳化,油种用错(2 分);(3)传动皮带拉的过紧,轴承间隙太小,轴承或轴倾斜,中心不正或弹性联轴器凸齿不均匀(3 分);(4)轴向窜动过大,轴承敲击或受挤压,滚动轴承磨损(3 分)。

28. 答:(1)排入大气中的二氧化硫往往和飘尘黏合在一起,易被吸入人体内部,引起各种呼吸道疾病(4 分)。

(2)直接伤害农作物,造成减产,甚至导致植株完全枯死,颗粒无收(2 分)。

(3)在湿度较大的空气中,二氧化硫可以由 Mn 或 Fe_2O_3 等催化而变成硫酸烟雾,随雨降到地面,导致土壤酸化(4 分)。

29. 答:主要有四个方面:(1)温度不同,材料选择不同,通常 140～110℃为一档,110～90℃为一档,90℃以下为一档(2 分)。(2)衬里材料与设备基体在温度作用下会产生不同的线性膨胀,温度越高,设备越大,其作用越大,会导致二者粘接界面产生热应力影响衬里寿命(3 分)。(3)温度使材料的物理化学性能下降,从而降低衬里的材料的耐磨性及抗应力破坏能力,也会加速有机材料的恶化过程(3 分)。(4)在温度作用下,衬里内施工形成的缺陷如气泡、微裂纹,界面孔隙等受热力作用为介质渗透提供条件(2 分)。

30. 答:(1)轴承冒烟,轴承温度升高超过允许值(1 分)。

(2)电动机冒烟、冒火或发出不正常声音,同时电动机温度急剧升高(2分)。

(3)转动机械及电动机发生强烈振动,轴承位移增大,同时内部有摩擦和撞击声(2分)。

(4)电动机扫膛(1分)。

(5)轴承箱有异响或轴承损坏时(1分)。

(6)发生人身事故(1分)。

(7)当发生自然灾害,严重影响设备安全时(1分)。

(8)当需停止转动机械时,可使用就地事故按钮,同时要确认转动机械已停止运行(1分)。

31. 答:阀门的公称直径是指阀门与管道连接处通道的名义直径,用DN表示,单位是mm(2分)。公称直径是为了设计、制造、维护的方便而人为地规定的一种标准直径。公称直径的数值既不是内径,也不是外径,而是与内径相近的整数(2分)。阀门的公称压力是指阀门的名义压力,或者是在规定温度下的允许压力(2分)。这种规定温度,对于铸铁和铜阀门是120℃,对于碳钢阀门是200℃,对于钼钢和铬钼钢阀门是350℃(2分)。阀门公称压力用pg表示,单位是MPa(2分)。

32. 答:进行维护检查的项目为:

(1)定时清理现场,擦拭设备,保持设备整洁(2分)。

(2)定时记录有关仪表读数,注意负载电流不能超过额定值,正常运行时,负载电流不应有急剧变化(2分)。

(3)定时检查轴承发热、漏油情况(1分)。

(4)经常监听轴承声音是否正常,电动机有无异常振动(1分)。

(5)定时检查电动机通风冷却情况(1分)。

(6)检查电动机各部温升,不应有局部过热现象(1分)。

(7)转子绕线电动机应检查电刷与集电环间的接触情况与电刷磨损情况(2分)。

33. 答:轴承过热的原因及处理方法为:

(1)原因:轴承损坏;滚动轴承润滑油脂过少、过多或有铁屑等杂质;轴与轴承配合过紧或过松;电动机两端或轴承盖装配不良;皮带过紧或联轴器装置不良;滑动轴承润滑油太少;有杂质或油环卡住(5分)。(2)处理方法:更换新轴承;加油或减油;去除杂质;调整配合;调整皮带张力,校正联轴器(5分)。

除尘设备运行工(初级工)技能操作考核框架

一、框架说明

1. 依据《国家职业标准》注,以及中国中车确定的“岗位个性服从于职业共性”的原则,提出除尘设备运行工(初级工)技能操作考核框架(以下简称:技能考核框架)。

2. 本职业等级技能操作考核评分采用百分制。即:满分为100分,60分为及格,低于60分为不及格。

3. 实施“技能考核框架”时,考核制件(活动)命题可以选用本企业的加工件(活动项目),也可以结合实际另外组织命题。

4. 实施“技能考核框架”时,考核的时间和场地条件等应依据《国家职业标准》,并结合企业实际确定。

5. 实施“技能考核框架”时,其“职业功能”的分类按以下要求确定:

(1)“除尘器的操作”、“维护与保养”属于本职业等级技能操作的核心职业活动,其“项目代码”为“E”。

(2)“工艺准备”、“辅助项目”属于本职业等级技能操作的辅助性活动,其“项目代码”分别为“D”和“F”。

6. 实施“技能考核框架”时,其“鉴定项目”和“选考数量”按以下要求确定:

(1)按照《国家职业标准》有关技能操作鉴定比重的要求,本职业等级技能操作考核活动的“鉴定项目”应按“D”+“E”+“F”组合,其考核配分比例相应为:“D”占20分,“E”占70分,“F”占10分。

(2)依据中国中车确定的“核心职业活动选取2/3,并向上取整”的规定,在“E”类鉴定项目——“除尘器的操作”与“维护与保养”的全部5项中,至少选取4项。

(3)依据中国中车确定的“其余‘鉴定项目’的数量可以任选”的规定,“D”和“F”类鉴定项目——“工艺准备”、“辅助项目”中,至少分别选取1项。

(4)依据中国中车确定的“确定‘选考数量’时,所涉及‘鉴定要素’的数量占比,应不低于对应‘鉴定项目’范围内‘鉴定要素’总数的60%,并向上取整”的规定,考核活动的鉴定要素“选考数量”应按以下要求确定:

①在“D”类“鉴定项目”中,在已选定的1个或全部鉴定项目中,至少选取已选鉴定项目所对应的全部鉴定要素的60%项,并向上保留整数。

②在“E”类“鉴定项目”中,在已选的4鉴定项目所包含的全部鉴定要素中,至少选取总数的60%项,并向上保留整数。

③在“F”类“鉴定项目”中,对应“脱硫和数据的监测管理、“除尘器维护保养的准备”、“管道和阀门的防寒”,在已选定的1个或全部鉴定项目中,至少选取已选鉴定项目所对应的全部鉴定要素的60%项,并向上保留整数。

举例分析：

按照上述“第6条”要求，若命题时按最少数量选取，即：在“D”类鉴定项目中的选取了“设备运行前的准备”1项，在“E”类鉴定项目中选取了“除尘器的启动”、“除尘器的运行”、“除尘器的停运”和“除尘器辅机的维护与保养”4项，在“F”类鉴定项目中选取了“脱硫和数据的监测管理”1项，则：此考核活动所涉及的“鉴定项目”总数为6项，具体包括：“设备运行前的准备”，“除尘器的启动”、“除尘器的运行”、“除尘器的停运”、“除尘器辅机的维护与保养”和“脱硫和数据的监测管理”。

此考核活动所涉及的鉴定要素“选考数量”相应为12项，具体包括：“设备运行前的准备”鉴定项目包含的全部2个鉴定要素中的2项，“除尘器的启动”、“除尘器的运行”、“除尘器的停运”、“除尘器辅机的维护保养”4个鉴定项目包括的全部13个鉴定要素中的8项，“脱硫和数据的监测管理”鉴定项目包含的全部3个鉴定要素中的2项。

7. 本职业等级技能操作需要两人及以上共同作业的，可由鉴定组织机构根据“必要、辅助”的原则，结合实际情况确定协助人员的数量。在整个操作过程中，协助人员只能起必要、简单的辅助作用。否则，每违反一次，至少扣减应考者的技能考核总成绩10分，直至取消其考试资格。

8. 实施“技能考核框架”时，应同时对应考者在质量、安全、工艺纪律、文明生产等方面行为进行考核。对于在技能操作考核过程中出现的违章作业现象，每违反一项(次)至少扣减技能考核总成绩10分，直至取消其考试资格。

注：按照中国中车规定，各《职业技能操作考核框架》的编制依据现行的《国家职业标准》或现行的《行业职业标准》或现行的《中国中车职业标准》的顺序执行。

二、除尘设备运行工(初级工)技能操作鉴定要素细目表

职业功能	鉴定项目				鉴定要素		
	项目代码	名　称	鉴定比重(%)	选考方式	要素代码	名　称	重要程度
工艺准备	D	设备运行前的准备	20	任选	001	运行设备检查	X
					002	仪表的检查	X
		工具和量具的准备			001	能够使用钳工工具	X
					002	能够使用手持电动工具	X
					003	能够使用量具	X
除尘器的操作	E	除尘器的启动	70	至少选择4项	001	泵的投运	X
					002	管道、阀门的开启	Y
					003	除尘器本体投运	X
					004	辅机的投运	X
		除尘器的运行			001	除尘及其相关设备的巡检	X
					002	检查在线监测数据	X
					003	识别仪表的数据	X

续上表

职业功能	鉴定项目				鉴定要素		
	项目代码	名称	鉴定比重(%)	选考方式	要素代码	名称	重要程度
除尘器的操作	E	除尘器的停运		至少选择4项	001	水泵的停运	X
					002	阀门的关闭	X
					003	除尘及其相关设备的停运状况	X
维护与保养		除尘器辅机的维护与保养			001	水泵的维护与保养	X
					002	阀门的维护与保养	X
					003	管道的维护与保养	X
		除尘器本体的维护与保养			001	除尘器内部元件的维护与保养	X
					002	除尘器外部元件的维护与保养	X
					003	除尘器本体内部防腐的维护	X
辅助项目	F	脱硫和数据的监测管理	10	任选	001	脱硫pH值数据的监控	X
					002	脱硫加药系统操控	X
					003	二氧化硫超标处理及报警	X
		除尘器维护保养的准备			001	润滑油的准备	Y
					002	备品、备件及材料	Y
		管道和阀门的防寒			001	管道和阀门的防寒、防冻的处理	Y

注：重要程度中X表示核心要素，Y表示一般要素。下同。

中国中车 CRRC

除尘设备运行工(初级工)
技能操作考核样题与分析

职业名称:________________

考核等级:________________

存档编号:________________

考核站名称:________________

鉴定责任人:________________

命题责任人:________________

主管负责人:________________

中国中车股份有限公司劳动工资部制

职业技能鉴定技能操作考核制件图示或内容

内容一：除尘器的投运。

内容二：除尘器运行操作。

职业名称	除尘设备运行工
考核等级	初级工
试题名称	除尘器的投运和运行
材质等信息	

职业技能鉴定技能操作考核准备单

职业名称	除尘设备运行工
考核等级	初级工
试题名称	除尘器的投运和运行

一、材料准备

无。

二、设备、工、量、卡具准备清单

序号	名　称	规　格	数量	备　注
1	阀门扳手		1	
2	油壶		1	
3	活扳手	12寸	1	

三、考场准备

1. 润滑油
2. 一台运行除尘器
3. 一台停运除尘器

四、考核内容及要求

1. 考核内容

按考核制件图示及要求制作。

2. 考核时限

90分钟。

3. 考核评分(表)

职业名称	除尘设备运行工	考核等级	初级工		
试题名称	除尘器的投运和运行	考核时限	90分钟		
鉴定项目	考核内容	配分	评分标准	扣分说明	得分
设备运行前的准备	泵的检查	5	检查到位,否则扣5分		
	阀门的检查	4	检查到位,否则扣4分		
	管道的检查	4	检查到位,否则扣4分		
	表指针归零位	5	检查到位,否则扣5分		
工具和量具的准备	钳工工具的准备	2	选用准确,否则扣2分		

续上表

鉴定项目	考核内容	配分	评分标准	扣分说明	得分
除尘器的启动	渣浆泵的投运	4	操作到位,否则扣4分		
	脱硫泵的投运	4	操作到位,否则扣4分		
	除尘水管道阀门的开启	2	操作到位,否则扣2分		
	脱硫水管道阀门的开启	3	操作到位,否则扣3分		
	补水阀门开启	3	操作到位,否则扣3分		
	排渣口水量调整	3	操作到位,否则扣3分		
	轴封水泵的开启	3	操作到位,否则扣3分		
	高压补水泵的开启	3	操作到位,否则扣3分		
除尘器的运行	渣浆泵和附属阀门的检查	5	检查到位,否则扣5分		
	脱硫泵和附属阀门的检查	5	检查到位,否则扣5分		
	脱硫池水位检查	3	检查到位,否则扣3分		
	沉淀池水位检查	3	检查到位,否则扣3分		
	环保上传数据的检查	3	检查到位,否则扣3分		
	值班室仪表的监控	3	检查到位,否则扣3分		
	各水泵和管道压力表的监控	3	检查到位,否则扣3分		
除尘器的停运	对水泵进行停运操作	2	操作到位,否则扣2分		
	关闭阀门	2	关闭操作不当扣2分		
	检查停运后设备的状况	2	检查到位,否则扣2分		
除尘器辅机的维护与保养	水泵泵体的保养	3	操作到位,否则扣3分		
	各部阀门泄漏检查	3	检查到位,否则扣3分		
	各部阀门的润滑	3	检查操作到位,否则扣3分		
	管道螺栓的检查	5	检查到位,否则扣5分		
脱硫和数据的监测管理	脱硫pH值数据的监控	2	检查操作到位,否则扣2分		
	脱硫加药系统操控	4	检查操作到位,否则扣4分		
	二氧化硫超标处理及报警	2	检查操作到位,否则扣2分		
除尘器维护保养的准备	润滑油准备	2	准备到位,否则扣2分		
质量、安全、工艺纪律、文明生产等综合考核项目	考核时限	不限	每超时5分钟,扣10分		
	工艺纪律	不限	依据企业有关工艺纪律规定执行,每违反一次扣10分		
	劳动保护	不限	依据企业有关劳动保护管理规定执行,每违反一次扣10分		
	文明生产	不限	依据企业有关文明生产管理规定执行,每违反一次扣10分		
	安全生产	不限	依据企业有关安全生产管理规定执行,每违反一次扣10分		

职业技能鉴定技能考核制件(内容)分析

职业名称	除尘设备运行工
考核等级	初级工
试题名称	除尘器的投运和运行
职业标准依据	国家职业标准

试题中鉴定项目及鉴定要素的分析与确定

分析事项 \ 鉴定项目分类	基本技能“D”	专业技能“E”	相关技能“F”	合计	数量与占比说明
鉴定项目总数	2	5	3	10	专业技能满足2/3，鉴定要素满足60%的要求
选取的鉴定项目数量	2	4	2	8	
选取的鉴定项目数量占比(%)	100	80	67	80	
对应选取鉴定项目所包含的鉴定要素总数	5	13	5	23	
选取的鉴定要素数量	3	13	4	20	
选取的鉴定要素数量占比(%)	60	100	80	87	

所选取鉴定项目及相应鉴定要素分解与说明

鉴定项目类别	鉴定项目名称	国家职业标准规定比重(%)	《框架》中鉴定要素名称	本命题中具体鉴定要素分解	配分	评分标准	考核难点说明
“D”	设备运行前的准备	20	运行设备检查	泵的检查	5	检查到位，否则扣5分	
				阀门的检查	4	检查到位，否则扣4分	
				管道的检查	4	检查到位，否则扣4分	
			仪表的检查	表指针归零位	5	检查到位，否则扣5分	
	工具和量具的准备		钳工工具的准备	钳工工具的准备	2	选用准确，否则扣2分	
“E”	除尘器的启动	70	泵的投运	渣浆泵的投运	4	操作到位，否则扣4分	
				脱硫泵的投运	4	操作到位，否则扣4分	
			管道、阀门的开启	除尘水管道阀门的开启	2	操作到位，否则扣2分	
				脱硫水管道阀门的开启	3	操作到位，否则扣3分	
			除尘器本体投运	补水阀门开启	3	操作到位，否则扣3分	
				排渣口水量调整	3	操作到位，否则扣3分	

续上表

鉴定项目类别	鉴定项目名称	国家职业标准规定比重(%)	《框架》中鉴定要素名称	本命题中具体鉴定要素分解	配分	评分标准	考核难点说明
“E”	除尘器的启动		辅机的投运	轴封水泵的开启	3	操作到位,否则扣3分	
				高压补水泵的开启	3	操作到位,否则扣3分	
	除尘器的运行		除尘及其相关设备的巡检	渣浆泵和附属阀门的检查	5	检查到位,否则扣5分	
				脱硫泵和附属阀门的检查	5	检查到位,否则扣5分	
				脱硫池水位检查	3	检查到位,否则扣3分	
				沉淀池水位检查	3	检查到位,否则扣3分	
			检查在线监测数据	环保上传数据的检查	3	检查到位,否则扣3分	
			识别仪表的数据	值班室仪表的监控	3	检查到位,否则扣3分	
				各水泵和管道压力表的监控	3	检查到位,否则扣3分	
	除尘器的停运		水泵的停运	对水泵进行停运操作	2	操作到位,否则扣2分	
			阀门的关闭	关闭阀门	2	关闭操作不当扣2分	
			除尘及其相关设备的停运状况	检查停运后设备的状况	2	检查到位,否则扣2分	
	除尘器辅机的维护与保养		水泵的维护与保养	水泵泵体的保养	3	操作到位,否则扣3分	
			阀门的维护与保养	各部阀门泄漏检查	3	检查到位,否则扣3分	
				各部阀门的润滑	3	检查操作到位,否则扣3分	
			管道的维护与保养	管道螺栓的检查	5	检查到位,否则扣5分	
“F”	脱硫和数据的监测管理	10	脱硫pH值数据的监控	脱硫pH值数据的监控	2	检查操作到位,否则扣2分	
			脱硫加药系统操控	脱硫加药系统操控	4	检查操作到位,否则扣4分	
			二氧化硫超标处理及报警	二氧化硫超标处理及报警	2	检查操作到位,否则扣2分	
	除尘器维护保养的准备		润滑油的准备	润滑油准备	2	准备到位,否则扣2分	

续上表

鉴定项目类别	鉴定项目名称	国家职业标准规定比重(%)	《框架》中鉴定要素名称	本命题中具体鉴定要素分解	配分	评分标准	考核难点说明
质量、安全、工艺纪律、文明生产等综合考核项目				考核时限	不限	每超时5分钟,扣10分	
				工艺纪律	不限	依据企业有关工艺纪律规定执行,每违反一次扣10分	
				劳动保护	不限	依据企业有关劳动保护管理规定执行,每违反一次扣10分	
				文明生产	不限	依据企业有关文明生产管理规定执行,每违反一次扣10分	
				安全生产	不限	依据企业有关安全生产管理规定执行,每违反一次扣10分	

除尘设备运行工(中级工)技能操作考核框架

一、框架说明

1. 依据《国家职业标准》注,以及中国中车确定的"岗位个性服从于职业共性"的原则,提出除尘设备运行工(中级工)技能操作考核框架(以下简称:技能考核框架)。

2. 本职业等级技能操作考核评分采用百分制。即:满分为100分,60分为及格,低于60分为不及格。

3. 实施"技能考核框架"时,考核制件(活动)命题可以选用本企业的加工件(活动项目),也可以结合实际另外组织命题。

4. 实施"技能考核框架"时,考核的时间和场地条件等应依据《国家职业标准》,并结合企业实际确定。

5. 实施"技能考核框架"时,其"职业功能"的分类按以下要求确定:

(1)"除尘器的操作"、"除尘器的检修"属于本职业等级技能操作的核心职业活动,其"项目代码"为"E"。

(2)"工艺准备"、"辅助项目"属于本职业等级技能操作的辅助性活动,其"项目代码"分别为"D"和"F"。

6. 实施"技能考核框架"时,其"鉴定项目"和"选考数量"按以下要求确定:

(1)按照《国家职业标准》有关技能操作鉴定比重的要求,本职业等级技能操作考核活动的"鉴定项目"应按"D"+"E"+"F"组合,其考核配分比例相应为:"D"占20分,"E"占70分,"F"占10分。

(2)依据中国中车确定的"核心职业活动选取2/3,并向上取整"的规定,在"E"类鉴定项目——"除尘器的操作"与"除尘器的检修"的全部5项中,至少选取4项。

(3)依据中国中车确定的"其余'鉴定项目'的数量可以任选"的规定,"D"和"F"类鉴定项目——"工艺准备"、"辅助项目"中,至少分别选取1项。

(4)依据中国中车确定的"确定'选考数量'时,所涉及'鉴定要素'的数量占比,应不低于对应'鉴定项目'范围内'鉴定要素'总数的60%,并向上取整"的规定,考核活动的鉴定要素"选考数量"应按以下要求确定:

①在"D"类"鉴定项目"中,在已选定的1个或全部鉴定项目中,至少选取已选鉴定项目所对应的全部鉴定要素的60%项,并向上保留整数。

②在"E"类"鉴定项目"中,在已选的4鉴定项目所包含的全部鉴定要素中,至少选取总数的60%项,并向上保留整数。

③在"F"类"鉴定项目"中,对应"脱硫和数据的监测管理"、"检修的准备"、"管道和阀门的防寒",在已选定的1个或全部鉴定项目中,至少选取已选鉴定项目所对应的全部鉴定要素的60%项,并向上保留整数。

举例分析:

按照上述“第 6 条”要求,若命题时按最少数量选取,即:在“D”类鉴定项目中的选取了“设备运行前的准备”1 项,在“E”类鉴定项目中选取了“除尘器的启动”、“除尘器的运行”、“除尘器的停运”、“辅机的检修”4 项,在“F”类鉴定项目中选取了“脱硫和数据的监测管理”1 项,则:此考核活动所涉及的“鉴定项目”总数为 6 项,具体包括:“设备运行前的准备”,“除尘器的启动”、“除尘器的运行”、“除尘器的停运”、“辅机的检修”、“脱硫和数据的监测管理”。

此考核活动所涉及的鉴定要素“选考数量”相应为 12 项,具体包括:“设备运行前的准备”鉴定项目包含的全部 2 个鉴定要素中的 2 项,“除尘器的启动”、“除尘器的运行”、“除尘器的停运”、“辅机的检修”4 个鉴定项目包括的全部 13 个鉴定要素中的 8 项,“脱硫和数据的监测管理”鉴定项目包含的全部 3 个鉴定要素中的 2 项。

7. 本职业等级技能操作需要两人及以上共同作业的,可由鉴定组织机构根据“必要、辅助”的原则,结合实际情况确定协助人员的数量。在整个操作过程中,协助人员只能起必要、简单的辅助作用。否则,每违反一次,至少扣减应考者的技能考核总成绩 10 分,直至取消其考试资格。

8. 实施“技能考核框架”时,应同时对应考者在质量、安全、工艺纪律、文明生产等方面行为进行考核。对于在技能操作考核过程中出现的违章作业现象,每违反一项(次)至少扣减技能考核总成绩 10 分,直至取消其考试资格。

注:按照中国中车规定,各《职业技能操作考核框架》的编制依据现行的《国家职业标准》或现行的《行业职业标准》或现行的《中国中车职业标准》的顺序执行。

二、除尘设备运行工(中级工)技能操作鉴定要素细目表

<table>
<tr><th rowspan="2">职业功能</th><th colspan="4">鉴定项目</th><th colspan="3">鉴定要素</th></tr>
<tr><th>项目代码</th><th>名　称</th><th>鉴定比重(%)</th><th>选考方式</th><th>要素代码</th><th>名　称</th><th>重要程度</th></tr>
<tr><td rowspan="5">工艺准备</td><td rowspan="5">D</td><td rowspan="2">设备运行前的准备</td><td rowspan="5">20</td><td rowspan="5">任选</td><td>001</td><td>运行设备检查</td><td>X</td></tr>
<tr><td>002</td><td>仪表的检查</td><td>X</td></tr>
<tr><td rowspan="3">工具和量具的准备</td><td>001</td><td>能够使用钳工工具</td><td>X</td></tr>
<tr><td>002</td><td>能够使用手持电动工具</td><td>X</td></tr>
<tr><td>003</td><td>能够使用量具</td><td>X</td></tr>
<tr><td rowspan="10">除尘器的操作</td><td rowspan="10">E</td><td rowspan="4">除尘器的启动</td><td rowspan="10">70</td><td rowspan="10">至少选择4 项</td><td>001</td><td>泵的投运</td><td>X</td></tr>
<tr><td>002</td><td>管道、阀门的开启</td><td>Y</td></tr>
<tr><td>003</td><td>除尘器本体投运</td><td>X</td></tr>
<tr><td>004</td><td>辅机的投运</td><td>X</td></tr>
<tr><td rowspan="3">除尘器的运行</td><td>001</td><td>除尘及其相关设备的巡检</td><td>X</td></tr>
<tr><td>002</td><td>检查在线监测数据</td><td>X</td></tr>
<tr><td>003</td><td>识别仪表的数据</td><td>X</td></tr>
<tr><td rowspan="3">除尘器的停运</td><td>001</td><td>水泵的停运</td><td>X</td></tr>
<tr><td>002</td><td>阀门的关闭</td><td>X</td></tr>
<tr><td>003</td><td>除尘及其相关设备的停运状况</td><td>X</td></tr>
</table>

续上表

职业功能	项目代码	鉴定项目 名称	鉴定比重(%)	选考方式	鉴定要素 要素代码	名称	重要程度
除尘器的检修	E	辅机的检修		至少选择4项	001	水泵的检修	X
					002	阀门的检修	X
					003	管道的检修	X
		除尘器的检修			001	除尘器本体内部防腐的检修	X
					002	除尘器内部元件的检修	X
					003	除尘器外部元件的检修	X
辅助项目	F	脱硫和数据的监测管理	10	任选	001	脱硫 pH 值数据的监控	X
					002	脱硫加药系统操控	X
					003	二氧化硫超标处理及报警	X
		检修的准备			001	除尘器本体检修的准备	X
					002	除尘器辅机检修的准备	X
		管道和阀门的防寒			001	管道和阀门的防寒、防冻的处理	Y

除尘设备运行工(中级工)技能操作考核样题与分析

职业名称：＿＿＿＿＿＿＿＿

考核等级：＿＿＿＿＿＿＿＿

存档编号：＿＿＿＿＿＿＿＿

考核站名称：＿＿＿＿＿＿＿＿

鉴定责任人：＿＿＿＿＿＿＿＿

命题责任人：＿＿＿＿＿＿＿＿

主管负责人：＿＿＿＿＿＿＿＿

中国中车股份有限公司劳动工资部制

职业技能鉴定技能操作考核制件图示或内容

内容一：除尘器渣浆泵运行中发生故障不能维持运行时的处理操作。

内容二：当倒换渣浆泵运行操作中，发现水压不稳且迅速下降应采取的处理操作。（找出故障原因，并解决处理）

内容三：实际操作突发故障停运除尘器和检修结束后启运除尘器。

职业名称	除尘设备运行工
考核等级	中级工
试题名称	除尘器的启停和故障处理
材质等信息	

职业技能鉴定技能操作考核准备单

职业名称	除尘设备运行工
考核等级	中级工
试题名称	除尘器的启停和故障处理

一、材料准备

无。

二、设备、工、量、卡具准备清单

序号	名　称	规　格	数量	备　注
1	阀门扳手		1	
2	活扳手	12 寸	1	

三、考场准备

1. 一台运行除尘器
2. 一台停运除尘器
3. 一台停运渣浆泵

四、考核内容及要求

1. 考核内容
按考核制件图示及要求制作。
2. 考核时限
90 分钟。
3. 考核评分(表)

职业名称	除尘设备运行工	考核等级	中级工		
试题名称	除尘器的启停和故障处理	考核时限	90 分钟		
鉴定项目	考核内容	配分	评分标准	扣分说明	得分
除尘器运行前的检查	泵的检查	5	检查到位,否则扣 5 分		
	阀门的检查	3	检查到位,否则扣 3 分		
	管道的检查	3	检查到位,否则扣 3 分		
	表指针归零位	5	检查到位,否则扣 5 分		
工具和量具的准备	钳工工具的准备	4	选用准确,否则扣 4 分		

续上表

鉴定项目	考核内容	配分	评分标准	扣分说明	得分
除尘器的启动	渣浆泵的投运	4	操作到位,否则扣4分		
	脱硫泵的投运	4	操作到位,否则扣4分		
	除尘水管道阀门的开启	2	操作到位,否则扣2分		
	脱硫水管道阀门的开启	3	操作到位,否则扣3分		
	补水阀门开启	3	操作到位,否则扣3分		
	排渣口水量调整	3	操作到位,否则扣3分		
	轴封水泵的开启	3	操作到位,否则扣3分		
	高压补水泵的开启	3	操作到位,否则扣3分		
除尘器的运行	对除尘等相关设备进行巡检	2	操作到位,否则扣2分		
	检查仪表数据	2	操作到位,否则扣2分		
	识读仪表数据	2	操作到位,否则扣2分		
除尘器的停运	脱硫泵的停运	3	检查到位,否则扣3分		
	排渣口阀门关闭	3	检查到位,否则扣3分		
	除尘水管道阀门关闭	3	检查到位,否则扣3分		
	脱硫水管道阀门关闭	3	检查到位,否则扣3分		
	补水阀门关闭	2	检查到位,否则扣2分		
	管道排水	5	操作到位,否则扣5分		
辅机的检修	水泵泵体的检查处理	5	操作到位,否则扣5分		
	水泵电机的检查处理	5	操作到位,否则扣5分		
	阀门泄漏检查处理	5	检查到位,否则扣5分		
	管道法兰检查处理	5	检查到位,否则扣5分		
脱硫和数据监测管理	脱硫 pH 值数据的监控	2	检查操作到位,否则扣2分		
	脱硫加药系统操控	4	检查操作到位,否则扣4分		
	二氧化硫超标处理及报警	2	检查操作到位,否则扣2分		
检修的准备	法兰垫用橡胶的准备	2	准备到位,否则扣2分		
质量、安全、工艺纪律、文明生产等综合考核项目	考核时限	不限	每超时5分钟,扣10分		
	工艺纪律	不限	依据企业有关工艺纪律规定执行,每违反一次扣10分		
	劳动保护	不限	依据企业有关劳动保护管理规定执行,每违反一次扣10分		
	文明生产	不限	依据企业有关文明生产管理规定执行,每违反一次扣10分		
	安全生产	不限	依据企业有关安全生产管理规定执行,每违反一次扣10分		

职业技能鉴定技能考核制件(内容)分析

职业名称	除尘设备运行工
考核等级	中级工
试题名称	除尘器的启停和故障处理
职业标准依据	国家职业标准

试题中鉴定项目及鉴定要素的分析与确定

分析事项＼鉴定项目分类	基本技能“D”	专业技能“E”	相关技能“F”	合计	数量与占比说明
鉴定项目总数	2	5	3	10	专业技能满足2/3,鉴定要素满足60%的要求
选取的鉴定项目数量	2	4	2	8	
选取的鉴定项目数量占比(%)	100	80	67	80	
对应选取鉴定项目所包含的鉴定要素总数	5	13	5	23	
选取的鉴定要素数量	4	13	4	21	
选取的鉴定要素数量占比(%)	80	100	80	91	

所选取鉴定项目及相应鉴定要素分解与说明

鉴定项目类别	鉴定项目名称	国家职业标准规定比重(%)	《框架》中鉴定要素名称	本命题中具体鉴定要素分解	配分	评分标准	考核难点说明
“D”	除尘器运行前的检查	20	运行设备检查	泵的检查	5	检查到位,否则扣5分	
				阀门的检查	3	检查到位,否则扣3分	
				管道的检查	3	检查到位,否则扣3分	
			仪表的检查	表指针归零位	5	检查到位,否则扣5分	
	工具和量具的准备		钳工工具的准备	钳工工具的准备	4	选用准确,否则扣4分	
“E”	除尘器的启动	70	泵的投运	渣浆泵的投运	4	操作到位,否则扣4分	
				脱硫泵的投运	4	操作到位,否则扣4分	
			管道、阀门的开启	除尘水管道阀门的开启	2	操作到位,否则扣2分	
				脱硫水管道阀门的开启	3	操作到位,否则扣3分	
			除尘器本体投运	补水阀门开启	3	操作到位,否则扣3分	
				排渣口水量调整	3	操作到位,否则扣3分	

续上表

鉴定项目类别	鉴定项目名称	国家职业标准规定比重(%)	《框架》中鉴定要素名称	本命题中具体鉴定要素分解	配分	评分标准	考核难点说明
“E”	除尘器的启动		辅机的投运	轴封水泵的开启	3	操作到位,否则扣3分	
				高压补水泵的开启	3	操作到位,否则扣3分	
	除尘器的运行		除尘及其相关设备的巡检	对除尘等相关设备进行巡检	2	操作到位,否则扣2分	
			检查在线监测数据	检查仪表数据	2	操作到位,否则扣2分	
			识别仪表的数据	识读仪表数据	2	操作到位,否则扣2分	
	除尘器的停运		水泵的停运	脱硫泵的停运	3	检查到位,否则扣3分	
			阀门的关闭	排渣口阀门关闭	3	检查到位,否则扣3分	
				除尘水管道阀门关闭	3	检查到位,否则扣3分	
				脱硫水管道阀门关闭	3	检查到位,否则扣3分	
				补水阀门关闭	2	检查到位,否则扣2分	
			除尘及其相关设备的停运状况	管道排水	5	操作到位,否则扣5分	
	辅机的检修		水泵的检修	水泵泵体的检查处理	5	操作到位,否则扣5分	重点
				水泵电机的检查处理	5	操作到位,否则扣5分	重点
			阀门的检修	阀门泄漏检查处理	5	检查到位,否则扣5分	重点
			管道的检修	管道法兰检查处理	5	检查到位,否则扣5分	重点
“F”	脱硫和数据监测管理	10	脱硫 pH 值数据的监控	脱硫 pH 值数据的监控	2	检查操作到位,否则扣2分	
			脱硫加药系统操控	脱硫加药系统操控	4	检查操作到位,否则扣4分	
			二氧化硫超标处理及报警	二氧化硫超标处理及报警	2	检查操作到位,否则扣2分	
	检修的准备		除尘器辅机检修的准备	法兰垫用橡胶的准备	2	准备到位,否则扣2分	

续上表

鉴定项目类别	鉴定项目名称	国家职业标准规定比重(%)	《框架》中鉴定要素名称	本命题中具体鉴定要素分解	配分	评分标准	考核难点说明
质量、安全、工艺纪律、文明生产等综合考核项目				考核时限	不限	每超时5分钟,扣10分	
				工艺纪律	不限	依据企业有关工艺纪律规定执行,每违反一次扣10分	
				劳动保护	不限	依据企业有关劳动保护管理规定执行,每违反一次扣10分	
				文明生产	不限	依据企业有关文明生产管理规定执行,每违反一次扣10分	
				安全生产	不限	依据企业有关安全生产管理规定执行,每违反一次扣10分	

除尘设备运行工(高级工)技能操作考核框架

一、框架说明

1. 依据《国家职业标准》注,以及中国中车确定的“岗位个性服从于职业共性”的原则,提出除尘设备运行工(高级工)技能操作考核框架(以下简称:技能考核框架)。

2. 本职业等级技能操作考核评分采用百分制。即:满分为100分,60分为及格,低于60分为不及格。

3. 实施“技能考核框架”时,考核制件(活动)命题可以选用本企业的加工件(活动项目),也可以结合实际另外组织命题。

4. 实施“技能考核框架”时,考核的时间和场地条件等应依据《国家职业标准》,并结合企业实际确定。

5. 实施“技能考核框架”时,其“职业功能”的分类按以下要求确定:

(1)“除尘器的操作”、“故障分析及处理”属于本职业等级技能操作的核心职业活动,其“项目代码”为“E”。

(2)“工艺准备、“辅助项目”属于本职业等级技能操作的辅助性活动,其“项目代码”分别为“D”和“F”。

6. 实施“技能考核框架”时,其“鉴定项目”和“选考数量”按以下要求确定:

(1)按照《国家职业标准》有关技能操作鉴定比重的要求,本职业等级技能操作考核活动的“鉴定项目”应按“D”+“E”+“F”组合,其考核配分比例相应为:“D”占20分,“E”占70分,“F”占10分。

(2)依据中国中车确定的“核心职业活动选取2/3,并向上取整”的规定,在“E”类鉴定项目——“除尘器的操作”与“故障分析及处理”的全部5项中,至少选取4项。

(3)依据中国中车确定的“其余‘鉴定项目’的数量可以任选”的规定,“D”和“F”类鉴定项目——“工艺准备、“辅助项目”中,至少分别选取1项。

(4)依据中国中车确定的“确定‘选考数量’时,所涉及‘鉴定要素’的数量占比,应不低于对应‘鉴定项目’范围内‘鉴定要素’总数的60%,并向上取整”的规定,考核活动的鉴定要素“选考数量”应按以下要求确定:

①在“D”类“鉴定项目”中,在已选定的1个或全部鉴定项目中,至少选取已选鉴定项目所对应的全部鉴定要素的60%项,并向上保留整数。

②在“E”类“鉴定项目”中,在已选的4鉴定项目所包含的全部鉴定要素中,至少选取总数的60%项,并向上保留整数。

③在“F”类“鉴定项目”中,对应“脱硫和数据的监测管理、“管道和阀门的防寒”,在已选定的1个或全部鉴定项目中,至少选取已选鉴定项目所对应的全部鉴定要素的60%项,并向上保留整数。

举例分析:

按照上述“第 6 条”要求,若命题时按最少数量选取,即:在“D”类鉴定项目中的选取了“设备运行前的准备”1 项,在“E”类鉴定项目中选取了“除尘器的启动”、“除尘器的运行”、“除尘器的停运”和“除尘器故障分析及处理”4 项,在“F”类鉴定项目中选取了“脱硫和数据的监测管理”1 项,则:此考核活动所涉及的“鉴定项目”总数为 6 项,具体包括:“设备运行前的准备”,“除尘器的启动”、“除尘器的运行”、“除尘器的停运”、“除尘器故障分析及处理”、“脱硫和数据的监测管理”。

此考核活动所涉及的鉴定要素“选考数量”相应为 12 项,具体包括:“设备运行前的准备”鉴定项目包含的全部 2 个鉴定要素中的 2 项,“除尘器的启动”、“除尘器的运行”、“除尘器的停运”、“除尘器故障分析及处理”4 个鉴定项目包括的全部 12 个鉴定要素中的 8 项,“脱硫和数据的监测管理”鉴定项目包含的全部 3 个鉴定要素中的 2 项。

7. 本职业等级技能操作需要两人及以上共同作业的,可由鉴定组织机构根据“必要、辅助”的原则,结合实际情况确定协助人员的数量。在整个操作过程中,协助人员只能起必要、简单的辅助作用。否则,每违反一次,至少扣减应考者的技能考核总成绩 10 分,直至取消其考试资格。

8. 实施“技能考核框架”时,应同时对应考者在质量、安全、工艺纪律、文明生产等方面行为进行考核。对于在技能操作考核过程中出现的违章作业现象,每违反一项(次)至少扣减技能考核总成绩 10 分,直至取消其考试资格。

注:按照中国中车规定,各《职业技能操作考核框架》的编制依据现行的《国家职业标准》或现行的《行业职业标准》或现行的《中国中车职业标准》的顺序执行。

二、除尘设备运行工(高级工)技能操作鉴定要素细目表

职业功能	鉴定项目				鉴定要素		
	项目代码	名　　称	鉴定比重(%)	选考方式	要素代码	名　　称	重要程度
工艺准备	D	设备运行前的准备	20	任选	001	运行设备检查	X
					002	仪表的检查	X
		工具和量具的准备			001	能够使用钳工工具	X
					002	能够使用手持电动工具	X
					003	能够使用量具	X
					004	图纸的识别	X
除尘器的操作	E	除尘器的启动	70	至少选择 4 项	001	泵的投运	X
					002	管道、阀门的开启	Y
					003	除尘器本体投运	X
					004	辅机的投运	X
		除尘器的运行			001	除尘器及其相关设备的巡检	X
					002	检查在线监测数据	X
					003	识别仪表的数据	X

续上表

<table>
<tr><th rowspan="2">职业功能</th><th colspan="5">鉴定项目</th><th colspan="3">鉴定要素</th></tr>
<tr><th>项目代码</th><th>名　称</th><th>鉴定比重（%）</th><th>选考方式</th><th>要素代码</th><th>名　称</th><th>重要程度</th></tr>
<tr><td rowspan="3">除尘器的操作</td><td rowspan="7">E</td><td rowspan="3">除尘器的停运</td><td rowspan="7"></td><td rowspan="7">至少选择4项</td><td>001</td><td>水泵的停运</td><td>X</td></tr>
<tr><td>002</td><td>阀门的关闭</td><td>X</td></tr>
<tr><td>003</td><td>除尘器及其相关设备的停运状况</td><td>X</td></tr>
<tr><td rowspan="4">故障分析及处理</td><td rowspan="2">除尘器故障分析及处理</td><td>001</td><td>除尘器内部元件的故障分析及处理</td><td>X</td></tr>
<tr><td>002</td><td>除尘器外部元件的故障分析及处理</td><td>X</td></tr>
<tr><td rowspan="2">辅机故障分析及处理</td><td>001</td><td>水泵的故障分析及处理</td><td>X</td></tr>
<tr><td>002</td><td>辅助设施故障分析及处理</td><td>X</td></tr>
<tr><td rowspan="4">辅助项目</td><td rowspan="4">F</td><td rowspan="3">脱硫和数据的监测管理</td><td rowspan="4">10</td><td rowspan="4">任选</td><td>001</td><td>脱硫 pH 值数据的监控</td><td>X</td></tr>
<tr><td>002</td><td>脱硫加药系统操控</td><td>X</td></tr>
<tr><td>003</td><td>二氧化硫超标处理及报警</td><td>X</td></tr>
<tr><td>管道和阀门的防寒</td><td>001</td><td>管道和阀门的防寒、防冻的处理</td><td>Y</td></tr>
</table>

除尘设备运行工(高级工)
技能操作考核样题与分析

职 业 名 称：______________________

考 核 等 级：______________________

存 档 编 号：______________________

考核站名称：______________________

鉴定责任人：______________________

命题责任人：______________________

主管负责人：______________________

中国中车股份有限公司劳动工资部制

职业技能鉴定技能操作考核制件图示或内容

内容一:除尘器脱硫泵运行中发生故障不能维持运行时的处理操作。(找出故障原因,并解决处理)
内容二:对脱硫泵轴套更换维修。
内容三:脱硫泵检修后除尘器的试运。

职业名称	除尘设备运行工
考核等级	高级工
试题名称	除尘器的故障处理
材质等信息	

职业技能鉴定技能操作考核准备单

职业名称	除尘设备运行工
考核等级	高级工
试题名称	除尘器的故障处理

一、材料准备

无。

二、设备、工、量、卡具准备清单

序号	名　称	规　格	数量	备　注
1	阀门扳手		1	
2	活扳手	12 寸	1	
3	梅花扳手	22-24/24-27/30-32	各 1 把	
4	梅花扳手	17-19	1	
5	撬棍		1	
6	手锤	3 磅	1	
7	专用套筒扳手		1	
8	一字螺钉旋具	6 寸	1	
9	游标卡尺		1	

三、考场准备

1. 一台运行除尘器
2. 一台停运除尘器
3. 一台停运脱硫泵

四、考核内容及要求

1. 考核内容

按考核制件图示及要求制作。

2. 考核时限

120 分钟。

3. 考核评分(表)

职业名称	除尘设备运行工	考核等级	高级工		
试题名称	除尘器的故障处理	考核时限	120 分钟		
鉴定项目	考核内容	配分	评分标准	扣分说明	得分
除尘器运行前的检查	泵的检查	5	检查到位,否则扣 5 分		
	阀门的检查	2	检查到位,否则扣 2 分		
	管道的检查	2	检查到位,否则扣 2 分		
	表指针归零位	5	检查到位,否则扣 5 分		

续上表

鉴定项目	考核内容	配分	评分标准	扣分说明	得分
工具和量具的准备	钳工工具的准备	4	选用准确，否则扣2分		
	对轴的测量	2	选用准确，否则扣2分		
除尘器的启动	渣浆泵的投运	4	操作到位，否则扣4分		
	脱硫泵的投运	4	操作到位，否则扣4分		
	除尘水管道阀门的开启	2	操作到位，否则扣2分		
	脱硫水管道阀门的开启	3	操作到位，否则扣3分		
	补水阀门开启	3	操作到位，否则扣3分		
	排渣口水量调整	3	操作到位，否则扣3分		
	轴封水泵的开启	3	操作到位，否则扣3分		
	高压补水泵的开启	3	操作到位，否则扣3分		
除尘器的运行	对设备进行巡检	2	操作到位，否则扣2分		
	检查检测数据	2	操作到位，否则扣2分		
	识别仪表数据	2	操作到位，否则扣2分		
除尘器的停运	脱硫泵的停运	3	检查到位，否则扣3分		
	排渣口阀门关闭	3	检查到位，否则扣3分		
	除尘水管道阀门关闭	3	检查到位，否则扣3分		
	脱硫水管道阀门关闭	3	检查到位，否则扣3分		
	补水阀门关闭	2	检查到位，否则扣2分		
	管道排水	5	操作到位，否则扣5分		
辅机故障分析及处理	水泵泵体的检查处理	10	操作到位，否则扣10分		
	水泵电机检查处理	5	操作到位，否则扣5分		
	脱硫泵阀门检查处理	5	检查到位，否则扣5分		
脱硫和数据监测管理	脱硫pH值数据的监控	2	检查操作到位，否则扣2分		
	脱硫加药系统操控	4	检查操作到位，否则扣4分		
	二氧化硫超标处理及报警	2	检查操作到位，否则扣2分		
管道和阀门的防寒	管道和阀门的防寒、防冻的处理	2	处理正确，否则扣2分		
质量、安全、工艺纪律、文明生产等综合考核项目	考核时限	不限	每超时5分钟，扣10分		
	工艺纪律	不限	依据企业有关工艺纪律规定执行，每违反一次扣10分		
	劳动保护	不限	依据企业有关劳动保护管理规定执行，每违反一次扣10分		
	文明生产	不限	依据企业有关文明生产管理规定执行，每违反一次扣10分		
	安全生产	不限	依据企业有关安全生产管理规定执行，每违反一次扣10分		

职业技能鉴定技能考核制件(内容)分析

职业名称	除尘设备运行工
考核等级	高级工
试题名称	除尘器的故障处理
职业标准依据	国家职业标准

试题中鉴定项目及鉴定要素的分析与确定

分析事项 \ 鉴定项目分类	基本技能“D”	专业技能“E”	相关技能“F”	合计	数量与占比说明
鉴定项目总数	2	5	2	9	专业技能满足2/3,鉴定要素满足60%的要求
选取的鉴定项目数量	2	4	2	8	
选取的鉴定项目数量占比(%)	100	80	100	89	
对应选取鉴定项目所包含的鉴定要素总数	6	12	4	22	
选取的鉴定要素数量	4	12	4	20	
选取的鉴定要素数量占比(%)	67	100	100	91	

所选取鉴定项目及相应鉴定要素分解与说明

鉴定项目类别	鉴定项目名称	国家职业标准规定比重(%)	《框架》中鉴定要素名称	本命题中具体鉴定要素分解	配分	评分标准	考核难点说明
“D”	除尘器运行前的检查	20	运行设备检查	泵的检查	5	检查到位,否则扣5分	
				阀门的检查	2	检查到位,否则扣2分	
				管道的检查	2	检查到位,否则扣2分	
			仪表的检查	表指针归零位	5	检查到位,否则扣5分	
	工具和量具的准备		钳工工具的准备	钳工工具的准备	4	选用准确,否则扣4分	
			量具的准备	对轴的测量	2	选用准确,否则扣2分	
“E”	除尘器的启动	70	泵的投运	渣浆泵的投运	4	操作到位,否则扣4分	
				脱硫泵的投运	4	操作到位,否则扣4分	
			管道、阀门的开启	除尘水管道阀门的开启	2	操作到位,否则扣2分	
				脱硫水管道阀门的开启	3	操作到位,否则扣3分	
			除尘器本体投运	补水阀门开启	3	操作到位,否则扣3分	
				排渣口水量调整	3	操作到位,否则扣3分	

续上表

鉴定项目类别	鉴定项目名称	国家职业标准规定比重(%)	《框架》中鉴定要素名称	本命题中具体鉴定要素分解	配分	评分标准	考核难点说明
"E"	除尘器的启动		辅机的投运	轴封水泵的开启	3	操作到位，否则扣3分	
				高压补水泵的开启	3	操作到位，否则扣3分	
	除尘器的运行		除尘及其相关设备的巡检	对设备进行巡检	2	操作到位，否则扣2分	
			检查在线监测数据	检查检测数据	2	操作到位，否则扣2分	
			识别仪表的数据	识别仪表数据	2	操作到位，否则扣2分	
	除尘器的停运		水泵的停运	脱硫泵的停运	3	检查到位，否则扣3分	
			阀门的关闭	排渣口阀门关闭	3	检查到位，否则扣3分	
				除尘水管道阀门关闭	3	检查到位，否则扣3分	
				脱硫水管道阀门关闭	3	检查到位，否则扣3分	
				补水阀门关闭	2	检查到位，否则扣2分	
			除尘及其相关设备的停运状况	管道排水	5	操作到位，否则扣5分	
	辅机故障分析及处理		水泵的故障分析及处理	水泵泵体的检查处理	10	操作到位，否则扣10分	重点
				水泵电机检查处理	5	操作到位，否则扣5分	
			辅助设施故障分析及处理	脱硫泵阀门检查处理	5	检查到位，否则扣5分	
"F"	脱硫和数据监测管理	10	脱硫pH值数据的监控	脱硫pH值数据的监控	2	检查操作到位，否则扣2分	
			脱硫加药系统操控	脱硫加药系统操控	4	检查操作到位，否则扣4分	
			二氧化硫超标处理及报警	二氧化硫超标处理及报警	2	检查操作到位，否则扣2分	
	管道和阀门的防寒		管道和阀门的防寒、防冻的处理	管道和阀门的防寒、防冻的处理	2	处理正确，否则扣2分	

续上表

鉴定项目类别	鉴定项目名称	国家职业标准规定比重(%)	《框架》中鉴定要素名称	本命题中具体鉴定要素分解	配分	评分标准	考核难点说明
质量、安全、工艺纪律、文明生产等综合考核项目				考核时限	不限	每超时5分钟,扣10分	
				工艺纪律	不限	依据企业有关工艺纪律规定执行,每违反一次扣10分	
				劳动保护	不限	依据企业有关劳动保护管理规定执行,每违反一次扣10分	
				文明生产	不限	依据企业有关文明生产管理规定执行,每违反一次扣10分	
				安全生产	不限	依据企业有关安全生产管理规定执行,每违反一次扣10分	